中华优秀传统文化在现代管理中的创造性转化与创新性发展工程
"中华优秀传统文化与现代管理融合"丛书

情绪管理的传统智慧

王心娟 ◎ 著

企业管理出版社
ENTERPRISE MANAGEMENT PUBLISHING HOUSE

图书在版编目（CIP）数据

情绪管理的传统智慧 / 王心娟著. -- 北京 ：企业管理出版社，2024. 12. -- （"中华优秀传统文化与现代管理融合"丛书）. -- ISBN 978-7-5164-3207-5

Ⅰ．B842.6

中国国家版本馆CIP数据核字第20253DK502号

书　　　名：	情绪管理的传统智慧
书　　　号：	ISBN 978-7-5164-3207-5
作　　　者：	王心娟
责任编辑：	韩天放　　徐金凤
特约设计：	李晶晶
出版发行：	企业管理出版社
经　　　销：	新华书店
地　　　址：	北京市海淀区紫竹院南路17号　　邮　　编：100048
网　　　址：	http://www.emph.cn　　电子信箱：emph001@163.com
电　　　话：	编辑部（010）68701638　　发行部（010）68417763　　68414644
印　　　刷：	北京联兴盛业印刷股份有限公司
版　　　次：	2025年1月第1版
印　　　次：	2025年1月第1次印刷
开　　　本：	710mm×1000mm　　1/16
印　　　张：	14.25
字　　　数：	188千字
定　　　价：	78.00元

版权所有　　翻印必究 · 印装有误　　负责调换

编委会

主　任： 朱宏任　中国企业联合会、中国企业家协会党委书记、常务副会长兼秘书长
副主任： 刘　鹏　中国企业联合会、中国企业家协会党委委员、副秘书长
　　　　　 孙庆生　《企业家》杂志主编
委　员：（按姓氏笔画排序）
　　　　　 丁荣贵　山东大学管理学院院长，国际项目管理协会副主席
　　　　　 马文军　山东女子学院工商管理学院教授
　　　　　 马德卫　山东国程置业有限公司董事长
　　　　　 王　伟　华北电力大学马克思主义学院院长、教授
　　　　　 王　庆　天津商业大学管理学院院长、教授
　　　　　 王文彬　中共团风县委平安办副主任
　　　　　 王心娟　山东理工大学管理学院教授
　　　　　 王仕斌　企业管理出版社副社长
　　　　　 王西胜　广东省蓝态幸福文化公益基金会学术委员会委员，菏泽市第十五届政协委员
　　　　　 王茂兴　寿光市政协原主席、关工委主任
　　　　　 王学秀　南开大学商学院现代管理研究所副所长
　　　　　 王建军　中国企业联合会企业文化工作部主任
　　　　　 王建斌　西安建正置业有限公司总经理
　　　　　 王俊清　大连理工大学财务部长
　　　　　 王新刚　中南财经政法大学工商管理学院教授
　　　　　 毛先华　江西大有科技有限公司创始人
　　　　　 方　军　安徽财经大学文学院院长、教授
　　　　　 邓汉成　万载诚济医院董事长兼院长

冯彦明	中央民族大学经济学院教授
巩见刚	大连理工大学公共管理学院副教授
毕建欣	宁波财经学院金融与信息学院金融工程系主任
吕　力	扬州大学商学院教授，扬州大学新工商文明与中国传统文化研究中心主任
刘文锦	宁夏民生房地产开发有限公司董事长
刘鹏凯	江苏黑松林粘合剂厂有限公司董事长
齐善鸿	南开大学商学院教授
江端预	株洲千金药业股份有限公司原党委书记、董事长
严家明	中国商业文化研究会范蠡文化研究分会执行会长兼秘书长
苏　勇	复旦大学管理学院教授，复旦大学东方管理研究院创始院长
李小虎	佛山市法萨建材有限公司董事长
李文明	江西财经大学工商管理学院教授
李景春	山西天元集团创始人
李曦辉	中央民族大学管理学院教授
吴通福	江西财经大学中国管理思想研究院教授
吴照云	江西财经大学原副校长、教授
吴满辉	广东鑫风风机有限公司董事长
余来明	武汉大学中国传统文化研究中心副主任
辛　杰	山东大学管理学院教授
张　华	广东省蓝态幸福文化公益基金会理事长
张卫东	太原学院管理系主任、教授
张正明	广州市伟正金属构件有限公司董事长
张守刚	江西财经大学工商管理学院市场营销系副主任
陈　中	扬州大学商学院副教授
陈　静	企业管理出版社社长兼总编辑
陈晓霞	孟子研究院党委书记、院长、研究员
范立方	广东省蓝态幸福文化公益基金会秘书长

范希春	中国商业文化研究会中华优秀传统文化传承发展分会专家委员会专家
林　嵩	中央财经大学商学院院长、教授
罗　敏	英德华粤艺术学校校长
周卫中	中央财经大学中国企业研究中心主任、商学院教授
周文生	范蠡文化研究（中国）联会秘书长，苏州干部学院特聘教授
郑俊飞	广州穗华口腔医院总裁
郑济洲	福建省委党校科学社会主义与政治学教研部副主任
赵德存	山东鲁泰建材科技集团有限公司党委书记、董事长
胡国栋	东北财经大学工商管理学院教授，中国管理思想研究院院长
胡海波	江西财经大学工商管理学院院长、教授
战　伟	广州叁谷文化传媒有限公司 CEO
钟　尉	江西财经大学工商管理学院讲师、系支部书记
宫玉振	北京大学国家发展研究院发树讲席教授、BiMBA 商学院副院长兼 EMBA 学术主任
姚咏梅	《企业家》杂志社企业文化研究中心主任
莫林虎	中央财经大学文化与传媒学院学术委员会副主任、教授
贾旭东	兰州大学管理学院教授，"中国管理 50 人"成员
贾利军	华东师范大学经济与管理学院教授
晁　罡	华南理工大学工商管理学院教授、CSR 研究中心主任
倪　春	江苏先锋党建研究院院长
徐立国	西安交通大学管理学院副教授
殷　雄	中国广核集团专职董事
凌　琳	广州德生智能信息技术有限公司总经理
郭　毅	华东理工大学商学院教授
郭国庆	中国人民大学商学院教授，中国人民大学中国市场营销研究中心主任

唐少清	北京联合大学管理学院教授，中国商业文化研究会企业创新文化分会会长
唐旭诚	嘉兴市新儒商企业创新与发展研究院理事长、执行院长
黄金枝	哈尔滨工程大学经济管理学院副教授
黄海啸	山东大学经济学院副教授，山东大学教育强国研究中心主任
曹振杰	温州商学院副教授
雪　漠	甘肃省作家协会副主席
阎继红	山西省老字号协会会长，太原六味斋实业有限公司董事长
梁　刚	北京邮电大学数字媒体与设计艺术学院副教授
程少川	西安交通大学管理学院副教授
谢佩洪	上海对外经贸大学学位评定委员会副主席，南泰品牌发展研究院首任执行院长、教授
谢泽辉	广东铁杆中医健康管理有限公司总裁
谢振芳	太原城市职业技术学院教授
蔡长运	福建林业技术学院教师，高级工程师
黎红雷	中山大学教授，全国新儒商团体联席会议秘书长
颜世富	上海交通大学东方管理研究中心主任

总编辑： 陈　静
副总编： 王仕斌
编　辑：（按姓氏笔画排序）

于湘怡　尤　颖　田　天　耳海燕　刘玉双　李雪松　杨慧芳
宋可力　张　丽　张　羿　张宝珠　陈　戈　赵喜勤　侯春霞
徐金凤　黄　爽　蒋舒娟　韩天放　解智龙

序 一

以中华优秀传统文化为源　启中国式现代管理新篇

中华优秀传统文化形成于中华民族漫长的历史发展过程中，不断被创造和丰富，不断推陈出新、与时俱进，成为滋养中国式现代化的不竭营养。它包含的丰富哲学思想、价值观念、艺术情趣和科学智慧，是中华民族的宝贵精神矿藏。党的十八大以来，以习近平同志为核心的党中央高度重视中华优秀传统文化的创造性转化和创新性发展。习近平总书记指出"中华优秀传统文化是中华民族的精神命脉，是涵养社会主义核心价值观的重要源泉，也是我们在世界文化激荡中站稳脚跟的坚实根基"。

管理既是人类的一项基本实践活动，也是一个理论研究领域。随着社会的发展，管理在各个领域变得越来越重要。从个体管理到组织管理，从经济管理到政务管理，从作坊管理到企业管理，管理不断被赋予新的意义和充实新的内容。而在历史进程中，一个国家的文化将不可避免地对管理产生巨大的影响，可以说，每一个重要时期的管理方式无不带有深深的文化印记。随着中国步入新时代，在管理领域实施中华优秀传统文化的创造性转化和创新性发展，已经成为一项应用面广、需求量大、题材丰富、潜力巨大的工作，在一些重要领域可能产生重大的理论突破和丰硕的实践成果。

第一，中华优秀传统文化中蕴含着丰富的管理思想。中华优秀传统文化源远流长、博大精深，在管理方面有着极为丰富的内涵等待提炼和转化。比如，儒家倡导"仁政"思想，强调执政者要以仁爱之心实施管理，尤其要注重道德感化与人文关怀。借助这种理念改善企业管理，将会推进构建和谐的组织人际关系，提升员工的忠诚度，增强其归属感。又如，道家的"无为而治"理念延伸到今天的企业管理之中，就是倡导顺应客观规律，避免过度干预，使组织在一种相对宽松自由的环境中实现自我调节与发展，管理者与员工可各安其位、各司其职，充分发挥个体的创造力。再如，法家的"法治"观念启示企业管理要建立健全规章制度，以严谨的体制机制确保组织运行的有序性与规范性，做到赏罚分明，激励员工积极进取。可以明确，中华优秀传统文化为现代管理提供了多元的探索视角与深厚的理论基石。

第二，现代管理越来越重视文化的功能和作用。现代管理是在人类社会工业化进程中产生并发展的科学工具，对人类经济社会发展起到了至关重要的推进作用。自近代西方工业革命前后，现代管理理念与方法不断创造革新，在推动企业从传统的小作坊模式向大规模、高效率的现代化企业，进而向数字化企业转型的过程中，文化的作用被空前强调，由此衍生的企业使命、愿景、价值观成为企业发展最为强劲的内生动力。以文化引导的科学管理，要求不仅要有合理的组织架构设计、生产流程优化等手段，而且要有周密的人力资源规划、奖惩激励机制等方法，这都极大地增强了员工在企业中的归属感并促进员工发挥能动作用，在创造更多的经济价值的同时体现重要的社会价值。以人为本的现代管理之所以在推动产业升级、促进经济增长、提升国际竞争力等方面须臾不可缺少，是因为其体现出企业的使命不仅是获取利润，更要注重社会责任与可持续发展，在环境保护、社会公平等方面发挥积极影响力，推动人类社会向着更加文明、和谐、包容、可持续的方向迈进。今天，管理又面临数字技术的挑战，更加需要更多元的思想基础和文化资源的支持。

第三，中华优秀传统文化与现代管理结合研究具有极强的必要性。随着全球经济一体化进程的加速，文化多元化背景下的管理面临着前所未有的挑战与机遇。一方面，现代管理理论多源于西方，在应用于本土企业与组织时，往往会出现"水土不服"的现象，难以充分契合中国员工与生俱来的文化背景与社会心理。中华优秀传统文化所蕴含的价值观、思维方式与行为准则能够为现代管理面对中国员工时提供本土化的解决方案，使其更具适应性与生命力。另一方面，中华优秀传统文化因其指导性、亲和性、教化性而能够在现代企业中找到新的传承与发展路径，其与现代管理的结合能够为经济与社会注入新的活力，从而实现优秀传统文化在企业管理实践中的创造性转化和创新性发展。这种结合不仅有助于提升中国企业与组织的管理水平，增强文化自信，还能够为世界管理理论贡献独特的中国智慧与中国方案，促进不同文化的交流互鉴与共同发展。

近年来，中国企业在钢铁、建材、石化、高铁、电子、航空航天、新能源汽车等领域通过锻长板、补短板、强弱项，大步迈向全球产业链和价值链的中高端，成果显著。中国企业取得的每一个成就、每一项进步，离不开中国特色现代管理思想、理论、知识、方法的应用与创新。中国特色的现代管理既有"洋为中用"的丰富内容，也与中华优秀传统文化的"古为今用"密不可分。

"中华优秀传统文化与现代管理融合"丛书（以下简称"丛书"）正是在这一时代背景下应运而生的，旨在为中华优秀传统文化与现代管理的深度融合探寻路径、总结经验、提供借鉴，为推动中国特色现代管理事业贡献智慧与力量。

"丛书"汇聚了中国传统文化学者和实践专家双方的力量，尝试从现代管理领域常见、常用的知识、概念角度细分开来，在每个现代管理细分领域，回望追溯中华优秀传统文化中的对应领域，重在通过有强大生命力的思想和智慧精华，以"古今融会贯通"的方式，进行深入研究、探索，以期推出对我国现代管理有更强滋养力和更高使用价值的系列成果。

文化学者的治学之道，往往是深入研究经典文献，挖掘其中蕴含的智慧，并对其进行系统性的整理与理论升华。据此形成的中华优秀传统文化为现代管理提供了深厚的文化底蕴与理论支撑。研究者从浩瀚典籍中梳理出优秀传统文化在不同历史时期的管理实践案例，分析其成功经验与失败教训，为现代管理提供了宝贵的历史借鉴。

实践专家则将传统文化理念应用于实际管理工作中，通过在企业或组织内部开展文化建设、管理模式创新等实践活动，检验传统文化在现代管理中的可行性与有效性，并根据实践反馈不断调整与完善应用方法。他们从企业或组织运营的微观层面出发，为传统文化与现代管理的结合提供了丰富的实践经验与现实案例，使传统文化在现代管理中的应用更具操作性与针对性。

"丛书"涵盖了从传统文化与现代管理理论研究到不同行业、不同领域应用实践案例分析等多方面内容，形成了一套较为完整的知识体系。"丛书"不仅是研究成果的结晶，更可看作传播中华优秀传统文化与现代管理理念的重要尝试。还可以将"丛书"看作一座丰富的知识宝库，它全方位、多层次地为广大读者提供了中华优秀传统文化在现代管理中应用与发展的工具包。

可以毫不夸张地说，每一本图书都凝聚着作者的智慧与心血，或是对某一传统管理思想在现代管理语境下的创新性解读，或是对某一行业或领域运用优秀传统文化提升管理效能的深度探索，或是对传统文化与现代管理融合实践中成功案例与经验教训的详细总结。"丛书"通过文字的力量，将传统文化的魅力与现代管理的智慧传递给广大读者。

在未来的发展征程中，我们将持续深入推进中华优秀传统文化在现代管理中的创造性转化和创新性发展工作。我们坚信，在全社会的共同努力下，中华优秀传统文化必将在现代管理的广阔舞台上绽放出更加绚丽多彩的光芒。在中华优秀传统文化与现代管理融合发展的道路上砥砺前行，为实现中华民族伟大复兴的中国梦做出更大的贡献！

是为序。

朱宏任

中国企业联合会、中国企业家协会
党委书记、常务副会长兼秘书长

序 二

/

文化传承　任重道远

　　财政部国资预算项目"中华优秀传统文化在现代管理中的创造性转化与创新性发展工程"系列成果——"中华优秀传统文化与现代管理融合"丛书和读者见面了。

一

　　这是一组可贵的成果，也是一组不够完美的成果。

　　说她可贵，因为这是大力弘扬中华优秀传统文化（以下简称优秀文化）、提升文化自信、"振民育德"的工作成果。

　　说她可贵，因为这套丛书汇集了国内该领域一批优秀专家学者的优秀研究成果和一批真心践行优秀文化的企业和社会机构的卓有成效的经验。

　　说她可贵，因为这套成果是近年来传统文化与现代管理有效融合的规模最大的成果之一。

　　说她可贵，还因为这个项目得到了财政部、国务院国资委、中国企业联合会等部门的宝贵指导和支持，得到了许多专家学者、企业家等朋友的无私帮助。

说她不够完美，因为学习践行传承发展优秀文化永无止境、永远在进步完善的路上，正如王阳明所讲"善无尽""未有止"。

说她不够完美，因为优秀文化在现代管理的创造性转化与创新性发展中，还需要更多的研究专家、社会力量投入其中。

说她不够完美，还因为在践行优秀文化过程中，很多单位尚处于摸索阶段，且需要更多真心践行优秀文化的个人和组织。

当然，项目结项时间紧、任务重，也是一个逆向推动的因素。

二

2022年，在征求多位管理专家和管理者意见的基础上，我们根据有关文件精神和要求，成立专门领导小组，认真准备，申报国资预算项目"中华优秀传统文化在现代管理中的创造性转化与创新性发展工程"。经过严格的评审筛选，我们荣幸地获准承担该项目的总运作任务。之后，我们就紧锣密鼓地开始了调研工作，走访研究机构和专家，考察践行优秀文化的企业和社会机构，寻找适合承担子项目的专家学者和实践单位。

最初我们的计划是，该项目分成"管理自己""管理他人""管理事务""实践案例"几部分，共由60多个子项目组成；且主要由专家学者的研究成果专著组成，再加上几个实践案例。但是，在调研的初期，我们发现一些新情况，于是基于客观现实，适时做出了调整。

第一，我们知道做好该项目的工作难度，因为我们预想，在优秀文化和现代管理两个领域都有较深造诣并能融会贯通的专家学者不够多。在调研过程中，我们很快发现，实际上这样的专家学者比我们预想的更少。与此同时，我们在广东等地考察调研过程中，发现有一批真心践行优秀文化的企业和社会机构。经过慎重研究，我们决定适当提高践行案例比重，研究专著占比适当降低，但绝对数不一定减少，必要时可加大自有资金投入，支持更多优秀项目。

第二，对于子项目的具体设置，我们不执着于最初的设想，固定甚至限制在一些话题里，而是根据实际"供给方"和"需求方"情况，实事求是地做必要的调整，旨在吸引更多优秀专家、践行者参与项目，支持更多优秀文化与现代管理融合的优秀成果研发和实践案例创作的出版宣传，以利于文化传承发展。

第三，开始阶段，我们主要以推荐的方式选择承担子项目的专家、企业和社会机构。运作一段时间后，考虑到这个项目的重要性和影响力，我们觉得应该面向全社会吸纳优秀专家和机构参与这个项目。在请示有关方面同意后，我们于2023年9月开始公开征集研究人员、研究成果和实践案例，并得到了广泛响应，许多人主动申请参与承担子项目。

三

这个项目从开始就注重社会效益，我们按照有关文件精神，对子项目研发创作提出了不同于一般研究课题的建议，形成了这个项目自身的特点。

（一）重视情怀与担当

我们很重视参与项目的专家和机构在弘扬优秀文化方面的情怀和担当，比如，要求子项目承担人"发心要正，导人向善""充分体现优秀文化'优秀'二字内涵，对传统文化去粗取精、去伪存真"等。这一点与通常的课题项目有明显不同。

（二）子项目内容覆盖面广

一是众多专家学者从不同角度将优秀文化与现代管理有机融合。二是在确保质量的前提下，充分考虑到子项目的代表性和示范效果，聚合了企业、学校、社区、医院、培训机构及有地方政府背景的机构；其他还有民间传统智慧等内容。

（三）研究范式和叙述方式的创新

我们提倡"选择现代管理的一个领域，把与此密切相关的优秀文化高度融合、打成一片，再以现代人喜闻乐见的形式，与选择的现代管理领域实现融会贯通"，在传统文化方面不局限于某人、某家某派、某经典，以避免顾此失彼、支离散乱。尽管在研究范式创新方面的实际效果还不够理想，有的专家甚至不习惯突破既有的研究范式和纯学术叙述方式，但还是有很多子项目在一定程度上实现了研究范式和叙述方式的创新。另外，在创作形式上，我们尽量发挥创作者的才华智慧，不做形式上的硬性要求，不因形式伤害内容。

（四）强调本体意识

"本体观"是中华优秀传统文化的重要标志，相当于王阳明强调的"宗旨"和"头脑"。两千多年来，特别是近现代以来，很多学者在认知优秀文化方面往往失其本体，多在细枝末节上下功夫；于是，著述虽多，有的却如王阳明讲的"不明其本，而徒事其末"。这次很多子项目内容在优秀文化端本清源和体用一源方面有了宝贵的探索。

（五）实践丰富，案例创新

案例部分加强了践行优秀文化带来的生动事例和感人故事，给人以触动和启示。比如，有的地方践行优秀文化后，离婚率、刑事案件大幅度下降；有家房地产开发商，在企业最困难的时候，仍将大部分现金支付给建筑商，说"他们更难"；有的企业上新项目时，首先问的是"这个项目有没有公害？""符不符合国家发展大势？""能不能切实帮到一批人？"；有家民营职业学校，以前不少学生素质不高，后来他们以优秀文化教化学生，收到良好效果，学生素质明显提高，有的家长流着眼泪跟校长道谢："感谢学校救了我们全家！"；等等。

四

调研考察过程也是我们学习总结反省的过程。通过调研，我们学到了许多书本中学不到的东西，收获了满满的启发和感动。同时，我们发现，在学习阐释践行优秀文化上，有些基本问题还需要进一步厘清和重视。试举几点：

（一）"小学"与"大学"

这里的"小学"指的是传统意义上的文字学、音韵学、训诂学等，而"大学"是指"大学之道在明明德"的大学。现在，不少学者特别是文史哲背景的学者，在"小学"范畴苦苦用功，做出了很多学术成果，还需要在"大学"修身悟本上下功夫。陆九渊说："读书固不可不晓文义，然只以晓文义为是，只是儿童之学，须看意旨所在。"又说"血脉不明，沉溺章句何益？"

（二）王道与霸道

霸道更契合现代竞争理念，所以更为今人所看重。商学领域的很多人都偏爱霸道，认为王道是慢功夫、不现实，霸道更功利、见效快。孟子说："仲尼之徒无道桓、文之事者。"（桓、文指的是齐桓公和晋文公，春秋著名两霸）王阳明更说这是"孔门家法"。对于王道和霸道，王阳明在其"拔本塞源论"中有专门论述："三代之衰，王道熄而霸术焻……霸者之徒，窃取先王之近似者，假之于外，以内济其私己之欲，天下靡然而宗之，圣人之道遂以芜塞。相仿相效，日求所以富强之说，倾诈之谋，攻伐之计……既其久也，斗争劫夺，不胜其祸……而霸术亦有所不能行矣。"

其实，霸道思想在工业化以来的西方思想家和学者论著中体现得很多。虽然工业化确实给人类带来了福祉，但是也带来了许多不良后果。联合国《未来契约》（2024年）中指出："我们面临日益严峻、关乎存亡的灾难性风险"。

（三）小人儒与君子儒

在"小人儒与君子儒"方面，其实还是一个是否明白优秀文化的本体问题。陆九渊说："古之所谓小人儒者，亦不过依据末节细行以自律"，而君子儒简单来说是"修身上达"。现在很多真心践行优秀文化的个人和单位做得很好，但也有些人和机构，日常所做不少都还停留在小人儒层面。这些当然非常重要，因为我们在这方面严重缺课，需要好好补课，但是不能局限于或满足于小人儒，要时刻也不能忘了行"君子儒"。不可把小人儒当作优秀文化的究竟内涵，这样会误己误人。

（四）以财发身与以身发财

《大学》讲："仁者以财发身，不仁者以身发财"。以财发身的目的是修身做人，以身发财的目的是逐利。我们看到有的身家亿万的人活得很辛苦、焦虑不安，这在一定意义上讲就是以身发财。我们在调查过程中也发现有的企业家通过学习践行优秀文化，从办企业"焦虑多""压力大"到办企业"有欢喜心"。王阳明说："常快活便是功夫。""有欢喜心"的企业往往员工满足感、幸福感更强，事业也更顺利，因为他们不再贪婪自私甚至损人利己，而是充满善念和爱心，更符合天理，所谓"得道者多助"。

（五）喻义与喻利

子曰："君子喻于义，小人喻于利"。义利关系在传统文化中是一个很重要的话题，也是优秀文化与现代管理融合绕不开的话题。前面讲到的那家开发商，在企业困难的时候，仍坚持把大部分现金支付给建筑商，他们收获的是"做好事，好事来"。相反，在文化传承中，有的机构打着"文化搭台经济唱戏"的幌子，利用人们学习优秀文化的热情，搞媚俗的文化活动赚钱，歪曲了优秀文化的内涵和价值，影响很坏。我们发现，在义利观方面，一是很多情况下把义和利当作对立的两个方面；二是对义利观的认知似乎每况愈下，特别是在西方近代资本主义精神和人性恶假设背景下，对人性恶的利用和鼓励（所谓"私恶即公利"），出现了太多的重利轻义、危害社会的行为，以致产生了联合国《未来契约》中"可持续发展目标的实现岌岌可危"的情况。人类只有树立正确的义利观，才能共同构建人类命运共同体。

（六）笃行与空谈

党的十八大以来，党中央坚持把文化建设摆在治国理政突出位置，全国上下掀起了弘扬中华优秀传统文化的热潮，文化建设在正本清源、守正创新中取得了历史性成就。在大好形势下，有一些个人和机构在真心学习践行优秀文化方面存在不足，他们往往只停留在口头说教、走过场、做表面文章，缺乏真心真实笃行。他们这么做，是对群众学习传承优秀文化的误导，影响不好。

五

文化关乎国本、国运，是一个国家、一个民族发展中最基本、最深沉、最持久的力量。

中华文明源远流长，中华文化博大精深。弘扬中华优秀传统文化任重道远。

"中华优秀传统文化与现代管理融合"丛书的出版，不仅凝聚了子项目承担者的优秀研究成果和实践经验，同事们也付出了很大努力。我们在项目组织运作和编辑出版工作中，仍会存在这样那样的缺点和不足。成绩是我们进一步做好工作的动力，不足是我们今后努力的潜力。真诚期待广大专家学者、企业家、管理者、读者，对我们的工作提出批评指正，帮助我们改进、成长。

企业管理出版社国资预算项目领导小组

前　　言

中华优秀传统文化中的情绪管理智慧一直吸引着我，让我很早以前就萌生了写书的念头。我想象中的场景是在摇曳的烛光下，一个睿智的长者正在讲述一个个古往今来关于情绪管理的小故事，每个小故事中都跳动着智慧的小精灵。听故事的人，有五六岁的孩童、有青年学生、有正在经历困境的创业者，亦有功成名就的社会名流。故事中智慧的营养，慢慢融化于他们的血液里，滋润着他们的心田。

但我每次翻开传统情绪管理文化的史料，就会发现里面包含着本源、原则、规律、机理等各种各样神秘而意蕴朦胧的"道"，盘根错节，眼花缭乱，它的对象和定位似乎是一个开放的、混沌的域。每念于此，总感到力不从心，不敢贸然动笔，只凭庄子的"乘物以游心"来宽慰自己。

当我决定把一篇关于如何从中华优秀传统文化中汲取组织管理智慧的论文投给《企业管理》杂志时，不期然之中得到了积极的反馈，事情朝着我希望的方向发展了。我逐渐意识到，传统情绪管理文化像一座巨大的宝藏挖掘不尽，只要尽可能把原汁原味的内容呈现出来，必然会随着社会的发展充分显现它存在的意义。

当接到企业管理出版社"中华优秀传统文化在现代管理中的创造性转化与创新性发展工程"的子项目《情绪管理的传统智慧》约稿时，我脑海中那个睿智的长者和智慧的小精灵又出现了，长者讲着孔子、老子、庄子等七情六欲的故事，智慧的小精灵挥舞着魔法棒，把这些小故事连成了线，组成了面，叠加成了情绪管理的智慧体，疗愈着世人的心灵。我意识到，埋藏心底多年的那个心愿终于可以实现了。

　　本书一方面把传统情绪管理文化原汁原味地给予呈现，同时与大家分享本人的观点与思想。情绪管理不是独白，它是一个古老而常新的话题，亦是一个平等的、平民化的话题，既需要和古人对话，亦需要回归到现实中来，和同行对话，和读者对话，和众生对话，修炼自己的心，修养自己的品。

　　祝愿各位读者身安心静。感恩！感谢！

王心怡

2023年11月30日夜晚于山东淄博

目　录

第一章　引　言　1
第一节　中华优秀传统文化中七情管理的起源与发展　3
第二节　七情管理的现实意义　26

第二章　保持喜乐情绪　37
第一节　中华优秀传统文化中关于喜乐情绪的管理智慧　39
第二节　现实启示　57

第三章　释放愤怒情绪　71
第一节　中华优秀传统文化中关于愤怒情绪的管理智慧　74
第二节　现实启示　84

第四章　化解悲伤情绪　93
第一节　中华优秀传统文化中关于悲伤情绪的管理智慧　95
第二节　现实启示　106

第五章　疏导焦虑情绪　115
第一节　中华优秀传统文化中关于焦虑情绪的管理智慧　117
第二节　现实启示　128

第六章　穿越恐惧情绪　137
第一节　中华优秀传统文化中关于恐惧情绪的管理智慧　139
第二节　现实启示　145

第七章　爱是人生的修行　153
第一节　中华优秀传统文化中关于爱的智慧　155
第二节　现实启示　166

第八章　善良是一种宝贵的品质和价值观　181
第一节　中华优秀传统文化中关于善的智慧　183
第二节　现实启示　194

第一章
引 言

第一章 引言

泱泱中华，五岳向上；悠悠历史，古韵绵长。中华优秀传统文化历经数千年沉淀和传承，源远流长，蕴含着丰富的情绪管理智慧。对中华优秀传统文化中的情绪管理文化进行溯源，汲取前人的智慧和人文精神，悟出人生真谛，可以更好地理解自己和世界，做一个内心丰盈平静、通透豁达之人。

———

第一节　中华优秀传统文化中七情管理的起源与发展

中华优秀传统文化以儒家思想为主体，儒、释、道、法、兵、墨、医等诸子百家交相辉映，每一家都有自己的代表人物，在历史渊源和理论内容上互相影响和联系，形成了盘根错节、百家争鸣的局面，构成内涵丰富的中华文化体系。

儒家著作《毛诗序》从诗歌的角度探讨了人的精神意识对外界事物的反应："诗者，志之所之也。在心为志，发言为诗，情动于中而形于言，言之不足，故嗟（jiē）叹之；嗟叹之不足，故永歌之；永歌之不足，不知手之舞之，足之蹈之也。""情发于声，声成文谓之音。治世之音安以乐，其政和；乱世之音怨以怒，其政乖；亡国之音哀以思，其民困。故正得失，动天地，感鬼神，莫近于诗。"

不仅仅诗人如此，所有人的精神意识接触外部世界都会有反应。人的精神意识对外界事物的反应，一般表现为喜、怒、忧、思、悲、恐、惊，就是传统意义上的"七情"。中国传统文化各家都从不同的角度解释了"七情"，其含义大同小异，如表1-1所示。

表1-1 有关"七情"的各方观点

记载书目	"七情"内容
儒家《礼记》	喜、怒、哀、惧、爱、恶、欲
佛学大词典	喜、怒、忧、惧、爱、憎、欲
道家《清静经图注》	喜、怒、哀、乐、爱、恶、欲
医家《黄帝内经》	喜、怒、忧、思、悲、恐、惊

"六欲"主要是指眼、耳、鼻、舌、身、意六种感官所导致的欲望。传统文化各家从不同的角度，解释了"六欲"。中医无"六欲"之说，"六欲"不是中医理论，中医只讲情绪致病。有关"六欲"的各方观点如表1-2所示。

表1-2 有关"六欲"的各方观点

记载书目	"六欲"内容
《吕氏春秋》	生、死、耳、目、口、鼻所生的欲望
《大智度论》	色欲、形貌欲、威仪姿态欲、言语音声欲、细滑欲和人相欲
《太清元道真经》	六贼妄生：目妄视，耳妄听、鼻妄香臭、口妄言味、身妄作役、意妄思虑
中医	中医只有情绪致病说，无"六欲"之说

本书探讨情绪管理，所以主要以"七情"为主线展开。

从先秦到清末，"七情"学说的发展历史可以划分为萌芽、初步形成、成熟完善和蓬勃发展四个阶段。

一、"七情"管理的最初发展阶段（先秦至三国）

尽管是最初的发展时期，关于"七情"学说的记载也多散见于诸子的各部著作之中，但在这一时期情绪管理文化已经发展到了很高的水平，其思想对后世情绪管理文化的发展产生了极大的影响，为后世情绪管理文化奠定了坚实的思想基础。

（1）儒家早期的经典都不同程度地探讨了人应该通过道德修养达到情绪的稳定，实现"中和"之境。

"七情"一词最早出现在儒家经典《礼记·礼运》中，原文为："喜、怒、哀、惧、爱、恶、欲，七者弗学而能。"在《三字经》中也有记载："曰喜怒，曰哀惧，爱恶欲，七情俱。"

如何对待这"七情"？

发乎情，止乎礼义。

"发乎情，止乎礼义"出自儒家著作《毛诗序》。这句话的意思是从内心感受出发，但不滥用感情，把"七情"约束在礼义容许的范围内。

《中庸》讲："喜怒哀乐之未发，谓之中。发而皆中节，谓之和。中也者，天下之大本也。和也者，天下之达道也。"不任意发泄情绪是本分，表达情绪合乎礼制，才能达到"道"的要求，即"中和"，也叫"中庸"，是道德修养的最高标准。

如何做到发乎情，止乎礼义？

一是修身正心。

《大学》讲修身是君子的第一要义。"自天子以至于庶人，壹是皆以修身为本"。

到底什么是修身？

"所谓修身在正其心者，身有所忿懥（zhì），则不得其正；有所恐惧，则不得其正；有所好乐，则不得其正；有所忧患，则不得其正。心不在焉，视而不见，听而不闻，食而不知其味。此谓修身在正其心。"

如何修身？

《论语》中很多文章都在探讨君子该如何修身。"见贤思齐焉，见不贤而内自省也""吾日三省吾身，为人谋而不忠乎？与朋友交而不信乎？传不习乎？""君子欲讷于言而敏于行""修己以敬""义以为质，礼以行之，孙以出之，信以成之""修己以安人""泛爱众，而亲仁""己所不欲，勿施于人""修己以安百姓""敬事而信，节用而爱人"。

孔子自己也一直走在修身实践的路上。

孔子（前551—前479），名丘，字仲尼，春秋时期鲁国陬邑（今山东省曲阜市）人。中国古代思想家、政治家、教育家，儒家学派创始人。

《吕氏春秋》记载：孔子穷乎陈蔡之间，藜羹（lí gēng）不斟，七日不尝粒。昼寝，颜回索米，得而爨之，几熟。孔子望见颜回攫其甑（zèng）中而食之。选间，食熟，谒孔子而进食，孔子佯装为不见之。孔子起曰："今者梦见先君，食洁而后馈。"颜回对曰："不可，向者煤炱（tái）入甑中，弃食不祥，回攫而饭之。"孔子叹曰："所信者目也，而目犹不可信；所恃者心也，而心犹不足恃。弟子记之，知人固不易矣。"

意思是孔子周游列国，被困在陈国和蔡国之间，连野菜汤都喝不上，七天都吃不上米饭。白天睡觉保存体力，弟子颜回出去讨米，好不容易要到了一些白米煮饭，饭快煮熟时，孔子看到颜回掀起锅盖，抓些白饭往嘴里塞，孔子当时装作没看见，也不去责问。

饭煮好后，颜回请孔子进食，孔子假装若有所思地说："我刚才梦到祖先来找我，我想把干净还没人吃过的米饭，先拿来祭祖先吧！"

颜回顿时慌张起来说:"不可以的,这锅饭我已先吃一口了,不可以祭祖先了。"孔子问:"为什么?"

颜回回答说:"刚才在煮饭时,不小心掉了些炭灰在锅里,染灰的白饭丢了可惜,只好抓起来先吃了,我不是故意把饭吃了。"

孔子听了,恍然大悟,对自己的观察错误心生愧疚,感叹地说:"我平常对颜回最信任,但仍然还会怀疑他,可见人心是最难依仗的。大家要记住,要了解一个人,还真是不容易啊!"

可见,孔子的"正心"之路也很难,发出了"所信者目也,而目犹不可信;所恃者心也,而心犹不足恃。弟子记之,知人固不易矣"这样的感慨。所以,儒家主张通过修身正心来达到情绪的稳定,实现"中和"之境。

二是"践其位,行其礼"。

《中庸》讲"践其位,行其礼",意思是每个人都有自己的角色,不能越位,做人得有边界感。边界感帮助我们定义"我是谁"和"我不是谁",守好"我是谁"和"我不是谁"的本分,做好自己分内的事情。

对有婚姻关系的男女来说,在外面和其他异性接触,如果有越界行为,就意味着暧昧,暧昧是背叛的开始。比如男女之间没有边界的闲聊,不必要的肢体接触,女性拿男闺蜜、男性拿女哥们做借口,挽胳膊、摸头发、搂脖子,吃对方吃过的食物,用对方用过的杯子,穿对方的衣服,等等。心理学中有个概念叫杯子效应,讲的是杯子的距离可以反映两个人的心理距离,每个人在用杯子的时候都会和嘴接触,所以两个人杯子之间的距离就能反映出两个人内心的距离。用对方用过的杯子而对方不拒绝、不讨厌,说明两个人的心靠得非常近了,这在一般交往层面就是越界了。

有力量的人会在自己的心里划出一条界限,不让任何人越界管自己的事情，这就是守好自己的位；也不主动越界管别人的事情，这就是不越界。足球比赛是不能越位的，越位是要被判罚的，同样，人生也不能越界，每个人都要守好自己的本分。

人如果做不到"践其位，行其礼"，失去了边界感，就会惹麻烦。有的婆婆没有边界感，越位管儿媳妇的事情，这样时间、精力、情感都被过度消耗，弄得儿媳妇反感，吃力不讨好，最终自己也感到精疲力尽，导致负面情绪爆发，亲人关系失衡。这也说明，哪怕是和自己的孩子、兄弟姐妹、朋友，也要保持必要的边界。

（2）"七情"管理在早期道家经典中也占据着举足轻重的地位。老子倡导通过心的清净、心的柔和去处理各种关系，减少冲突和矛盾，保持情绪的稳定。

老子（约前571—约前470），姓李名耳，字聃，鹿邑厉乡人，中国古代思想家、哲学家、文学家和史学家，道家学派创始人和主要代表人物，与庄子并称"老庄"。

《老子·第四十五章》讲，"躁胜寒，静胜热。清静为天下正。"意思是躁动能克服寒冷，清静能克服酷热。清静无为才是天下的正道。

道家认为情绪的波动源于人的心不静，"既有妄心"，就会"惊其神"，强调通过心的清净来达到情绪的稳定。

《老子·第七十八章》柔之胜刚："天下莫柔弱于水，而攻坚强者莫之能胜。其无以易之。弱之胜强，柔之胜刚，天下莫不知，莫能行。"意思是：天下万物没有比水更柔弱的了，然而攻击坚强之物没有能胜过它的，因而水是没有事物可以代替得了的。弱胜强，柔胜刚，天下没有不知道的，但没有哪个能做到。

可见道家倡导柔和处世，用温和的态度去处理各种关系，减少冲突和矛盾，保持情绪的稳定。

《庄子·外篇·天地》中有个抱瓮灌园的故事，说明"神生不定者，道之所不载"的道理。

子贡南游于楚，反于晋，过汉阴，见一丈人方将为圃畦，凿隧而入井，抱瓮而出灌，搰搰然用力甚多而见功寡。子贡曰："有械于此，一日浸百畦，用力甚寡而见功多，夫子不欲乎？"为圃者仰而视之曰："奈何？"曰："凿木为机，后重前轻，挈水若抽，数如泆汤，其名为槔。"为圃者忿然作色而笑曰："吾闻之吾师，有机械者必有机事，有机事者必有机心。机心存于胸中则纯白不备。纯白不备则神生不定，神生不定者，道之所不载也。吾非不知，羞而不为也。

一天，孔子的弟子子贡到南方的楚国游历一番后返回晋国，路过汉水南岸时，他看到一个老翁正在菜园里种菜。老翁种好菜后，把一个瓦罐系上绳，放入井中，等瓦罐盛满了水，再提上来，然后抱着瓦罐去浇菜。

子贡看到他非常费劲，而功效很差，就上前对老翁说："有一种汲水器，一天能浇上百畦菜地，用力很小而功效很大，您不想用吗？"

老翁抬起头，看了看子贡，问："那是一种什么样的器具？"子贡答："那是一种用木头做成的器械，后面重，前面轻，汲水就像人从井里抽水一样，但水流得很快。这种器械名叫桔槔（jié gāo）。"

老翁冷笑说："我听我的老师说，用机械的人，一定会做投机取巧的事；而做这种事的人，一定有投机取巧之心。这种投机取巧之心存在胸中，就不会具备纯粹素朴的天性。这种不具备纯粹素朴的天性的人，肯定心神不定；而心神不定的人，便不能容载大道了。我不是不知道汲水器，而是耻于去用罢了。"

子贡意识到这是遇到了老子的学生。

（3）先秦时期中医医学体系尚未成型，关于"七情"方面的记载多散见于各部著作，因此也可称之为"诸子散载时期"。

《山海经》中记载有 38 种疾病，其中就有狂、痴等情志疾病。

《黄帝内经》有多篇是讨论情绪问题的。书中提出了"五志"概念，即喜、怒、思、忧、恐，这些情绪与人的内脏功能有着密切的联系。情绪过度会对相应的内脏器官产生负面影响，如怒伤肝、喜伤心、思伤脾、忧伤肺、恐伤肾。强调阴阳平衡，阴阳失衡就是病。

《难经》特别强调了忧思虑恚怒的病因学意义。

东汉张仲景所著的《伤寒杂病论》有多次提到心理因素致病。

总之，这一时期关于情绪管理的记载多散载于诸子的各部著作中，虽则"七情"学说尚未正式提出，但已可见萌芽与雏形。

二、"七情"管理的初步形成时期（两晋至五代）

（一）这一时期董仲舒的"七情"管理思想

这一时期君主大力推崇儒家思想，将其作为国家的官方思想。儒家思想逐渐走向繁荣和兴盛，成为社会的主流思想与政治决策的重要参考，对社会的发展产生了深远的影响。

涉及情绪管理层面的思想，以董仲舒的人性理论为代表。董仲舒，西汉信都郡广川县（今衡水市）人，从小爱看书，年轻时研究《春秋》，在汉景帝时担任博士，掌管经学讲授。

汉初经济凋敝，统治者一直推行黄老学说，讲究无为而治，造就了"文景之治"的盛世。到汉景帝时期，因为诸侯实力越来越大，爆发了"七国之乱"。鉴于当时的情境，董仲舒认为国家的当务之急是加强中央集权，不能再行黄老之术，提出"罢黜百家，独尊儒术"的"大一统"思想，以求统一思想，严明法度。

董仲舒在《春秋繁露·深察名号》中反对孟子性善论。董仲舒把天性比作禾，将善比作米，虽然米出于禾，但米又不同于禾，通过比喻说明结论，善是由天性经过教化而来，但是天性并不是善，而只是有善端而已。董仲舒强调人性的完善需要教化，教化人的行为符合"三纲五常"。符合"三纲五常"就是善，不符合"三纲五常"就是恶。

在此基础上，董仲舒进一步将"三纲五常"规定为人的行为标准。"三纲"是指君为臣纲、父为子纲、夫为妻纲，强调的是君臣、父子、夫妻之间的人际关系准则和道德准则。"五常"是指"仁、义、礼、智、信"。进一步强化为"君至尊也，父至尊也，夫至尊也。君虽不仁，臣不可以不忠；父虽不慈，子不可以不孝；夫虽不贤，妻不可以不顺。"就是要人们有意识地抑制自己真实的情绪情感，因为人不能冒犯"三纲五常"，不能失礼。

董仲舒发展了儒家学说，把儒家思想带向了繁荣和兴盛。但我们也应该看到这种带有压抑情绪、情感特点的文化，会对人的身心健康产生负面影响。人过度压抑自己的情绪情感，就会变得小心谨慎，心里永远绷着一根弦，害怕犯错，害怕被别人说失礼，思维能力会被禁锢，失去创新的灵感与思想，这是今天我们需要反思的地方。

压抑自己，在人格层面上容易形成讨好型人格。所谓讨好型人格，其主要特征是隐藏自己的情绪、非常害怕冲突，因此他们会压制自己的需求。他们既害怕被拒绝，又害怕失败。讨好型的人忽视自己，内在价值感较低，一直满足别人的要求，即使自己不开心、不愿意也不会表达，一味看别人脸色行事。他们的言语中经常透露出"这都是我的错""我想让你开心"等话语。他们的行为过于友善，习惯于道歉和乞求怜悯。长此以往就会忘了自己的存在，忙忙碌碌一辈子，总是在为别人活，一辈子生活在隐忍之中。

七岁成名的蒋方舟，在奇葩大会上自曝自己是讨好型人格。她说，直到去年才发现自己身上的"讨好型人格"。起因是有个朋友问她，有没有跟任何人产生过真实的关系，就是可以和这个人争吵，把自己最不堪的一面暴露给他的那种关系。蒋方舟用这个标准来打量一下自己，很遗憾地发现自己没有。根本原因在于她不会去和别人产生任何的冲突。无论是普通的人际交往，还是在亲密关系中，她总是尽量避免表达自己的真实情绪，害怕起冲突，害怕让别人不高兴。她回顾自己的成长过程，认为自己过于注意别人的反应，习惯迎合别人的期待，在很多时候没有原则和底线。别人侵犯了自己的原则和底线的时候，明明自己已经很不愉快了，但还是不会表现出来。

（二）这一时期道家的"七情"管理思想

这一时期道家思想中最有代表性、对后世影响最大的当推重玄之学。重玄之学肇始于晋代孙登，到唐代得以发扬光大，其主要代表有成玄英、李荣、杜光庭等道教学者。

重玄的理念出于《老子》首章"玄之又玄"一语，故重玄之学主要是借《老子》之注疏而阐发的。重玄的旨趣在于用否定之否定方法，破除一切约束，以达到一种绝对自由的超越生死的虚无境界，成玄英将其谓之"重玄之域"。成玄英认为，人心要与道合，复归真性，就能够烦恼皆无。强调"真性"，要人们向真性复归。

何谓真性？

《老子注》卷二说："绝偏尚之仁，弃执迷之义，人皆率性，无复矜矫，孝出天理，慈任自然"。自然之性、天理之性就是人的真性。《庄子·渔父疏》讲得更为明确："节文之礼，世俗为之，真实之性，禀乎大素，自然而然"。真性出于自然，"不知所以，莫辨其然，故与真性符会"。成玄英所谓"真性"就是指自然之性、本性、天性。

向真性复归，要"无心"。什么是"无心"？

《庄子·刻意疏》对此有明确的解答："凝神静虑，与大阴同其盛德；应感而动，与阳气同其波澜；动静顺时，无心者也"。就是说，心的动静顺阴阳之自然，静如阴，动如阳，合乎时宜，此即"无心"。对成玄英来说，心静是最根本的，心的应感而动最终将回复到静，心以静应动，以不变应万变，静是最高的境界。

（三）这一时期中医学有关"七情"问题的研究在不断发展

这一时期中医学对"七情"问题的研究在不断发展，虽然没有超越《黄帝内经》时代，也没有新的理论出现，但却通过注释的方式，对原有的"七情"理论进行了整理与丰富。

最典型的就是隋代巢元方等编撰的《诸病源候论》。该医学著作探讨了情志与健康的问题。书中对每一种疾病的病因、病理进行了细致入微的分析，对人体脏腑功能失调、情志变化等内在因素进行了深入分析，体现了古代医家的整体观念和辨证施治原则。书中还特别强调了精神调摄，以达到未病先防的目的。这是非常超前的健康观念。

三、"七情"管理的成熟完善时期（宋金元）

宋金元时期，由于生产发展、经济繁荣、前代积累、国际交流、科举考试方法改进等原因，社会发展进入到一个重要阶段。

（一）这一时期朱熹的"七情"管理思想

宋代儒学是儒学发展的重要阶段，也是儒学发展的空前阶段，在朱熹的体系中，儒学得到极大完善。这一时期儒学不违孔、孟、《易》、《庸》的原旨，内容丰富，体系完整，论证缜密，是儒学的复兴阶段。

代表人物：朱熹

朱熹祖籍徽州府婺源县。朱熹是唯一非孔子嫡传弟子而享祀孔庙的人。主要思想是存天理灭人欲。

"存天理灭人欲"是朱熹理学思想的核心，但并非出自朱熹之口。事实上，这一理念在《礼记·乐记》中已经出现，其中说道："人化物也者，灭天理而穷人欲者也。于是有悖逆诈伪之心，有淫泆（yì，放荡）作乱之事。"意思是人被外面的诱惑同化，就会灭绝天理而穷尽人欲。于是才有了狂悖、逆乱、欺诈、作假的念头，就产生荒淫、泆乐、犯上作乱的事。

朱熹的学术导师和思想启蒙者，国子监教授程颢和程颐说："人心私欲，故危殆。道心天理，故精微。灭私欲则天理明矣。"这里所谓"灭私欲则天理明"，就是要"存天理、灭人欲"。

后来，朱熹说："孔子所谓'克己复礼'，《中庸》所谓'致中和''尊德性''道问学'，《大学》所谓'明明德'，《书》曰'人心惟危，道心惟微，惟精惟一，允执厥中'，圣贤千言万语，只是教人明天理、灭人欲。"

朱熹多次强调存天理灭人欲的重要性，"圣人千言万语，只是教人明天理，灭人欲。"（《朱子语类·卷十二》）"学者须是革尽人欲，复尽天理，方始是学。"（《朱子语类·卷十三》）

什么是"存天理灭人欲"？

问："饮食之间，孰为天理，孰为人欲？"

曰："饮食者，天理也；要求美味，人欲也。"（《朱子语类·卷十三》）"饮食，天理也，山珍海味，人欲也；夫妻，天理也，三妻四妾，人欲也。"（《朱子语类·卷十三》）

朱熹所谓要摒弃的人欲，并非指人的一切欲望，而是指与"饮食"相对的要求"美味"，与"夫妻"相对的要求"三妻四妾"，也就是超越合理范围内"不正当的欲望和行为"和过度之"情"，是恶的"人欲"，也就是过度之欲、贪婪之欲。朱熹的"存天理，灭人欲"是指人要合理控制自己的欲望，不要让自己的欲望超出合理范围。

如何做到"存天理灭人欲"？

朱熹强调要多读书，特别是读儒家的经典。"古人为学，只是升高自下，步步踏实，渐次解剥，人欲自去，天理自明。"（《晦庵集·卷五十五》）"学者须革尽人欲，复尽天理，方始是学。"（《朱子语类·卷十三》）"为学之道，莫先于穷理；穷理之要，必在于读书。"（《性理精义》）他认为通过读书以观圣贤之意，就能用圣贤的思想去观察和了解客观的世界。"圣人言语皆枝枝相对，叶叶相当。不知怎生排得恁地整齐。今人只是心粗，不仔细穷究。若仔细穷究来，皆字字有着落。"（朱子语类·读书法·上）

朱熹还提出"居敬穷理"。所谓"居敬穷理"，就是要保持一种谦虚恭敬的心态。朱熹说："学者工夫，惟在居敬、穷理二事，此二事互相发。能穷理，则居敬工夫日益进；能居敬，则穷理工夫日益密，譬如人之两足，左足行则右足止，右足行则左足止。"（《朱子语类·卷九》）

朱熹的著作中没有把"七情"问题拿出来单独讲，但他的"存天理、灭人欲"，追求天理，灭掉超越合理范围内"不正当的欲望和行为"，灭掉过度之"情"，要求大家多读经典之学，居敬穷理，做到这些，自然可以管理情绪、提高修养，如何处理好情绪问题的答案已在其中，无须回答。

（二）这一时期王安石的"七情"管理思想

王安石，抚州临川县（今属江西省抚州市）人。北宋时期政治家、文学家、改革家。为官期间一直变法，因新法实施过程中出现诸多问题，反对者声势颇大，数次被罢相。后保守派得势，新法皆废，王安石郁然病逝于钟山，享年六十六岁。

王安石提出了"烦恼即智慧"的思想。

王安石在《楞严经解·集注》中讲道："离垢而净，名为清净。即垢而净，名为妙净。此心亦即亦离，故名清净妙净明心。此明心者，一切心皆受性于此。"心既可以离垢而净，也可以即垢而净，智慧可以从智慧处通达，也可以从烦恼处通达，烦恼即智慧，烦恼的本质就是智慧。

为什么"烦恼即智慧"？

因为烦恼由诸多问题组成，人遇到诸多问题产生烦恼，去寻找解决问题的合理方法，从方法中归纳解决问题的规律，掌握了解决问题的规律，问题解决了，烦恼自然就没有了。因此，烦恼就是智慧，智慧就是烦恼，这是真实不虚的。正如王安石所讲，即垢也可以净，离垢也可以净。无论离垢而净之心，还是即垢而净之心，都是明心，即万物的本性之心。

为什么人们心中没有本性之心、没有光明？

因为人们就是这样盲目愚痴，穷尽一生被禁锢在自我的牢笼之中，念念之间不断地为自己谋划、盘算、妄想，至死不息，永无尽期。若要断此无尽的烦恼，唯一的方法，就是要有这个本性之心，这个正念。

如何培养这个本性之心？

《劝学文》是王安石创作的一篇劝学文章，旨在鼓励人们通过读书来提升自己。文章中提到：

"读书不破费，读书利万倍。

窗前读古书，灯下寻书义。

贫者因书富，富者因书贵。"

后人延伸出这么一句话：贵者因书而守成。这段话强调了读书的重要性，无论贫富贵贱，读书都能提升本性之心，可以帮助人觉醒，建立自我觉知和内在平衡。

第一章 引言

关于读书，有一个张曜（yào）拜妻为师的故事。

清代咸丰年间有个武官叫张曜，因苦战有功，被提拔为河南布政使。他自幼失学，没有文化，常受朝臣歧视，御史刘毓楠说他"目不识丁"，因此改任他为总兵。张曜从此立志要好好读书，使自己能文能武。张曜想到自己的妻子很有文化，回到家要求妻子教他念书。妻子说：要教是可以的，不过有一个条件，就是要行拜师之礼，恭恭敬敬地学。张曜满口应承，马上穿起朝服，让妻子坐在孔子牌位前，对她行三拜九叩之礼。从此以后，张曜凡公余时间，都由妻子教他读经史。每当妻子一摆老师的架子，他就躬身肃立听训，不敢稍有不敬。与此同时，他还请人刻了一方"目不识丁"的印章，经常佩在身上自警。几年之后，张曜终于成为一个很有学问的人。后来，他在山东做巡抚时，又有人参他"目不识丁"。他就上书请皇上面试。面试成绩令皇上和许多大臣都大为惊奇。张曜在山东任上时，筑河堤，修道路，开厂局，精制造，做了不少利国利民之事。因为他勤奋好学，死后皇帝谥他为"勤果"。

另外，有一个关于本性之心的小故事。

据说苏东坡在瓜州任职时，与一江之隔的佛印交情笃深，常在一起畅谈人生。有一天，苏东坡写了一首诗，遣书童送过江去，请佛印评点。诗是这样写的：

稽首天中天，毫光照大千。

八风吹不动，端坐紫金莲。

诗中的"八风"是指人们生活中常遇到的"称、讥、毁、誉、利、衰、苦、乐"八种境况。苏东坡的意思是外部的世界已经不能再诱惑他了。

佛印看了诗后，笑而不语，信手在上面批了两个字，就叫书童带回去。苏东坡打开一看，上面批着"放屁"二字。苏东坡非常气愤，立马乘船过江去找佛印理论。

此时，佛印已站在江边等他。苏东坡一见面就气呼呼地说："我们是至交，我的诗，你看不上没关系，也不能侮辱人呀！"

佛印平静地说："我什么时候侮辱你了？"

"这'放屁'二字，不是侮辱人是什么？"

佛印哈哈大笑："还'八风吹不动'呢，怎么'一屁就过江东'了呢？"

（三）这一时期道家《清静经》的"七情"管理思想

在道家的经典著作中，《老子》的地位无疑是最高的，其次还有《清静经》。《清静经》的全名是《太上老君说常清静经》。《清静经》虽然成于唐朝，但金代时王重阳创立全真教后，《清静经》成为全真教的日常功课，方才作为非常重要的经典被重视。

《清静经》中对修心是这样描述的："人神好清，而心扰之。人心好静，而欲牵之。常能遣其欲，而心自静。澄其心，而神自清。自然六欲不生，三毒消灭。所以不能者，为心未澄，欲未遣也。"只要能做到遣欲澄心，自然就内心清静，情绪就不会波动。情绪的波动源于人心不静，只能通过心的清净来达到情绪稳定。

《清静经》中对不修心的后果是这样描述的："众生所以不得真道者，为有妄心。既有妄心，即惊其神；既惊其神，即著万物；既著万物，即生贪求；既生贪求，即是烦恼；烦恼妄想，忧苦身心；便遭浊辱，流浪生死，常沉苦海，永失真道。"

可见，内心不清净，就是"既有妄心"，就会"惊其神"，情绪不稳定。所以不要被外界诱惑和冲突扰乱内心的清净，只有超脱欲望的执着，追求心灵的自由与平和，才能真正管理好情绪，这就是"清净可以为天下正"。

（四）这一时期中医学有关"七情"问题的研究迎来了有利的发展契机。

南宋陈无择《三因极一病证方论》提出"三因说"，将七情内伤归为致病因素之一，与外因、不内外因统称三因，标志着中医学中"七情"学说的成熟与定型。

到金元时期，著名医学家刘完素创造性地提出了"五志过极皆为热病"。如中风这种病，之前多从外风论治。唯刘完素在"六气化火""五志过极皆为热甚"的理论指导下，在《内经》"诸暴强直，皆属于风"的病机启示下，提出中风一病乃由内而生，并非外中风邪，而是阳盛阴虚、心火暴盛、肾水虚衰的病机所产生的。其病因多是情志失和、五志化火所致。刘氏的这些论点，纠正了前人以外风论中风的谬误之说，是对中风病机学说的发展。医学家张子和则将七情病机与临床实践结合到一起，认识到几乎所有的慢性病都与情志有关系。这一时期还留下了许多情志治疗的医案。

四、"七情"管理的蓬勃发展时期（明清）

明清时期是我国封建社会渐趋衰落时期，也是中国历史上继春秋战国、魏晋南北朝之后，又一次思想十分活跃的时期。传统儒家思想随着时代的发展表现得僵化且不合时宜，以王守仁、李贽（zhì）为代表的思想家对传统儒学进行了发展。

（一）这一时期王守仁的"七情"管理思想

王守仁（1472—1529），号阳明，浙江余姚人，明代杰出的思想家、文学家、军事家，阳明心学创立人。

阳明心学作为儒学门派，是由王守仁创立与发展。王守仁继承陆九渊"心即是理"之思想，提出"致良知"。致良知是阳明心学中最核心的思想，他认为这是圣人之学的精粹。当物欲遮蔽良知时，良知并没有消失，良知在人心中是不生不灭的，只是有隐显之别，如云蔽日，只是良心为物欲遮蔽，但良心在内，自不会失。所以，人们必须自信心中的良知，"恒自信其良知"，"自信则良知无所惑而明"。这是内省式的认识。致良知，是向内开发，致自心之良知，"各人尽着自己力量精神，只在此心纯天理上用功，即人人自有，个个圆成，便能大以成大，小以成小，不假外慕，无不具足。"（《传习录》）

王守仁被贬贵州龙场，写下了《去妇叹》这篇诗。

其一：
委身奉箕帚，中道成弃捐。
苍蝇间白璧，君心亦何愆。
独嗟贫家女，素质难为妍。
命薄良自喟，敢忘君子贤？
春华不再艳，颓魄无重圆。
新欢莫终恃，令仪慎周还。

其二：
依违出门去，欲行复迟迟。
邻妪尽出别，强语含辛悲。
陋质容有缪，放逐理则宜。
姑老籍相慰，缺乏多所资。
妾行长已矣，会面当无时。

其三：
妾命如草芥，君身比琅玕。
奈何以妾故，废食怀愤冤。

无为伤姑意，燕尔且为欢。
中厨存宿旨，为姑备朝餐。
畜育意千绪，仓卒徒悲酸。
伊迩望门屏，盍从新人言。
夫意已如此，妾还当谁颜。
其四：
去矣勿复道，已去还踟蹰。
鸡鸣尚闻响，犬恋犹相随。
感此摧肝肺，泪下不可挥。
冈回行渐远，日落群鸟飞。
群鸟各有托，孤妾去何之？
其五：
空谷多凄风，树木何潇森。
浣衣涧冰合，采苓山雪深。
离居寄岩穴，忧思托鸣琴。
朝弹别鹤操，暮弹孤鸿吟。
弹苦思弥切，巉岏隔云岑。
君聪甚明哲，何因闻此音？

此时的王守仁，宛若被抛弃的女子，惆怅哀怨。尤其在看到一位从京城被贬到荒僻贵州的老者被瘴气压垮，倒在山坡下，身亡他乡时，王守仁的情绪糟糕极了，失去了方向。然而，他静下心来，告诫自己不能白白地焦虑，既来之则安之，做好此时此地的事，走出悲伤。他用自己的人生证明了，有情绪不可怕，可怕的是控制不住情绪。只要管理好情绪，顺时而变，重新走出一条新路，情绪自然会转变。

（二）这一时期李贽的情绪管理思想

李贽，福建省泉州人，明代官员、哲学家，泰州学派的一代宗师。

李贽以孔孟传统儒学的"异端"而自居，对封建社会的男尊女卑、重农抑商、假道学大加痛斥批判，反对思想禁锢，主张建立"人民为主"的社会。李贽终生为争取个性解放和思想自由而斗争。以李贽为代表的明清儒学，对后世产生了深远影响。李贽的"七情"管理思想主要有三点。

一是人人平等的思想。

李贽在《明灯道古录》中提出："尔勿以尊德性之人为异人也，彼其所为，亦不过众人之所能为而已。人但率性而为，勿以过高视圣人之为可也。尧舜与途人一，圣人与凡人一。"意思是老百姓并不卑下，自有其尊贵的地方；王公贵族并不高贵，也有其卑贱的地方。天下人人平等，没有什么高低上下之别。

二是人要有独立的思想。

李贽认为每个人都应该有自己的思想，不应盲目地随人俯仰。"士贵为己，务自适。如不自适而适人之道，虽伯夷叔齐同为淫僻。不知为己，惟务为人，虽尧舜同为尘垢秕糠。"（《焚书·续焚书·答周二鲁》）意思是做人贵在做自己，要独立自主，不依傍他人。如果不能自由地选择自己的行为，即便与伯夷叔齐同脉而出，也依然邪恶不正。不知道独立，只知道依附他人，即使尧舜后代，也是没有价值的。

三是要承认个人私欲。

"夫私者，人之心也。人必有私，而后其心乃见；若无私，则无心矣。"（《藏书》）意思是自私乃是人之天性，人人皆有自私之心，虽圣人亦不能全免；不但自私是人之常情，而且无私便是无心，有私才算有心。不能压抑人的情绪情感，要学会释放自己的情绪情感，要获得个性解放和思想自由，就必须冲破封建经典所设置的各种思想禁区。他认为每一个人都应该自为是非。为了打破孔孟之道提出的是非标准，李贽编写了《藏书》和《续藏书》，用自己的是非标准，重新评价了历史人物。

在万历三十年（1602年），礼部官员张问达受首辅沈一贯的指使，在奏给神宗的奏折中弹劾李贽。李贽最终以"敢倡乱道，惑世诬民"的罪名在通州被逮捕，他的许多著作被焚毁。李贽在狱中呼侍者为其剃发，忽夺其剃刀割喉自刎，最终气绝而亡，享年76岁。其实李贽本可以不死，因为皇帝对他最后的处分，不过是押送回福建原籍。他在不需要死的时候选择死亡，是对专制统治的最后一次抗争，也是对自由的最勇敢的追求。

李贽的"七情"管理思想是巨大的进步，反对压抑人的情绪情感，有意识地调适、激发、释放天性，以保持适当的情绪体验与行为反应。

（三）这一时期袁了凡的"七情"管理思想

这一时期，中国社会开始了从传统走向现代的艰难历程，强调关注现实人生与社会发展。这种"经世致用"的思想在一定程度上形成了对于传统文化的思考和挑战。各家思想都有自己独特的思想体系和释义，但也存在一些异议。鉴于此，一些思想家大胆借鉴各家精华，将各家不同思想进行融合与创新。他们希望通过吸取各家所长，形成统一的世界观和社会伦理。这种思潮在时人著作中多有体现，袁黄所作劝善书《了凡四训》就是典型代表。

袁黄（1533—1606），初号学海，后改了凡，世称"了凡先生"。浙江嘉兴府人，明代思想家。

《了凡四训》由"立命之学""改过之法""积善之方""谦德之效"四部分组成，"命由我作，福自己求"是这本书的主题。作者试图通过因果报应、福善祸淫等道理，阐明忠孝仁义、诸善奉行的重要性，更为重要的是讲述了立身处世"趋吉避凶"的方法。

书中融合儒释道三家的思想，而且对三家的冲突进行了调和。

如儒家思想的孝文化，《孝经》有讲："子曰：孝子之事亲也，居则致其敬，养则致其乐，病则致其忧，丧则致其哀，祭则致其严。五者备矣，然后能事亲。"佛教僧侣需要出家修行，要断亲缘断姻缘，这与儒家文化有冲突；儒家文化讲究身体发肤不能有损，与佛家僧人削发有冲突；儒家讲"不孝有三，无后为大"，这与佛子独身有冲突。袁了凡在《了凡四训》中将父母与君主等同起来，认为两者都是尊长，认为"年高、德高、位高、识高者"都该敬重，把"敬重尊长"列为十善中的一纲，这样调和了冲突，达到了和合。

（四）吴承恩小说《西游记》中的"七情"管理思想

在《西游记》中，孙悟空是小说中一个性格丰满的人物，开始他认为自己是天下第一，没有去不了的地方，狂妄自大。玉帝封他为弼马温，可以吃天庭的仙禄，但他认为弼马温是个不入流的小官，结果反下天庭，继续为妖。直到他被唐僧戴上金箍，经历了一番铭心刻骨的阵痛后，能够控制自己七情六欲，才逐步成长成熟。

再看看猪八戒，猪八戒是以欢喜心过生活，不因丑陋的外貌感到自卑，无论是地位高的嫦娥还是普通美女，只要他喜欢，都勇敢追求。猪八戒的扮演者马德华曾讲："猪八戒最可爱的一点是——不会装，绝不装，敢爱敢恨。猪八戒还有一点就是能解决就解决，解决不了明儿再说，没有过不去的火焰山，以非常乐观的心态探索追寻。"

所以，情绪管理很重要，别让情绪毁了你的努力，也别让情绪毁了你的信誉，更别让情绪毁了你的职业生涯。人生中无论遇到什么事情，都要认真分析处理各种信息，这是个技术要求很高的工作。只要从主观角度、客观角度、理论角度和社会角度去一一思考，这样情绪就不会那么激动了。

（五）这一时期道家的"七情"管理文化

明清时期的道教在社会和文化方面扮演了重要的角色。道教注重个体修身养性，倡导养生、修道的理念。明清时期，社会上充斥着各种压力和困扰，人们的心灵疗愈需求更加迫切。道教提供了一种追求内心宁静与平和的方式，通过修行和养生的方法，帮助人们达到身心的平衡与和谐。如名医龚廷贤在《寿世保元》中介绍了内丹养生的具体做法："每子午卯酉时，于静室中，厚褥铺于榻上，盘脚趺坐，瞑目不视，以绵塞耳，心绝念虑，以意随呼吸一往一来，上下于心肾之间，勿急勿徐，任其自然。坐一柱香，觉得口鼻之气不粗，渐渐和柔。又一柱香后，觉得口鼻之气，似无出入，然后缓缓伸足开目，去耳塞，下榻行数步，偃卧榻上，少睡片时起来，啜（chuò）粥半碗，不可作劳恼怒，以损静功"。道教的这种内丹养生思想强调平和、自然的生活态度，对于缓解烦恼和焦虑具有积极作用。

（六）这一时期中医"七情"学说在融合西方心理学之后产生的"中医心理学"已经初步形成

这一时期的医道中的"七情"学说在理论上没有发展，但在临床实践中检验了它的正确性与可行性，从而使得"七情"学说成为一门临床上有实践意义的学说。万全的《幼科发挥》记载了很多情绪问题的医案，张景岳在《类经》中专列"情志疾病"专题，叶天士在《临证指南医案》中记载了大量情志病的医案。这一时期中医"七情"学说在接纳西方心理学之后产生的"中医心理学"已经初步形成了自己独立的体系。

清代《续名医类案》一书中记载了一个笑口常开的小故事。

一姓李的人，因为儿子在乡试中考试成功，高兴得不得了，常常"笑口常开"。次年，儿子又考中进士，于是大笑的症状加重不少，以致兴奋得通宵难以入睡。人哪有不睡的道理？照此下去势必消耗身体而亡。好在儿子很孝顺，在朝中为官认识了不少给皇帝看病的名医。名医问清发病缘由，于是出了一计，派人告诉李父，其子在京城已经暴病而死。李某一听，立即停止大笑，悲伤地痛哭起来。过了十日，名医又派人送信说，其子已用灵丹妙药起死回生了。李某从此恢复了正常的情绪。

这就是调节人的情绪保持阴阳平衡来治病。恐胜喜，喜伤心以后，就让他恐惧，让他害怕，然后就调理过来了。

可见，中国传统文化已经对情绪管理有了足够的认识和探讨，也为后来的情绪管理研究奠定了基础。虽然这些情绪管理思想在当时并没有形成完备的体系，但随着时间的推移，各家思想相互交流、相互影响，形成了更加丰富的理论和方法。

第二节 七情管理的现实意义

目前处在数智化转型时代，数智化就是大数据加智能化，它是在大数据基础上的更高诉求，正成为巨大的经济资产，带来了全新的创业方向、商业模式和投资机会。OpenAI 发布了人工智能文生视频大模型 Sora，Sora 为天空之意，以示其无限的创造潜力。根据文本，Sora 可创建 60 秒的逼真视频。ChatGPT 的出现更是令人惊叹。

从管理学家的角度看世界，领导学家沃伦·本尼斯和伯顿·纳努斯于 1985 年在《领导者》一书中首次用"乌卡时代（VUCA）"来描述冷战结束后世界局势呈现的不稳定、不确定、复杂且模糊的世界新状态。VUCA 是 Volatile，Uncertain，Complex，Ambiguous 四个英文单词首字母组成的缩写。

这几年人们逐渐发现，乌卡时代已不足以形容今日所处的这个更加不确定的世界，尤其在 COVID-19 大流行后，这个感受更加强烈。由美国学者 Jamais Cascio 于 2016 年创造的"BANI"（巴尼）一词开始进入公众视野。巴尼时代的 BANI 取自四个英文单词，Brittleness 脆弱性、Anxiety 焦虑感、Non-Linear 非线性、Incomprehensibility 不可理解。巴尼时代被用来描绘当今世界复杂的变化，体现了一种心理不稳定、怀疑和恐慌迷乱的心理特征。

乌卡时代的世界是难以管控，但还是可以系统化治理的，而巴尼时代易变变成了迅变，不确定变成了高度的不确定性，复杂变成了混沌，模糊变成更加迷茫。

从管理学家的角度谈量子力学、量子思维及量子时代。

牛顿经典力学适应肉眼观察、惯性思维，眼见为实。量子力学告诉我们无所谓的物理学、化学、生命科学的分割，世界底层基本结构上具有很强的关联性，应该以整体全面的眼光看待世界。

所谓量子思维，就是揭示了人类思维中叠加、纠缠、不确定和跃变等特点。亚马逊雨林中的蝴蝶扇动翅膀就会引起得克萨斯州的龙卷风，即蝴蝶效应。《礼记·经解》有讲"君子慎始，差若毫厘，谬以千里"。

量子时代使人们对社会产生了新的颠覆性认知，让我们去用新的视角来看世界、看这个时代，我们需要突破原来固有的一些限制性认知来认识这个世界。

中国工程院院士钱旭红讲"量子理论对整个自然科学和技术工程乃至我们的人文社会科学是有颠覆性和击穿性的作用的"。

这个颠覆性和击穿性的作用表现在哪里？

一是需要改变我们的思维模式。一直以来我们对于固有的问题会有固有的答案，那么在今天的量子时代，进入了深度关联、表面无序的状态，更多进入了一个局部之和大于整体的过程。

二是这个世界变得越来越快。格莱克的著作《越来越快：飞奔的时代飞奔的一切》中提到：20世纪80年代前，商业文件通常并不需要第二天就送达，然而，联邦快递（FedEx）率先提高运送速度，给顾客超快体验。很快全世界的人都习惯于文件在第二天早上送达。当每个人都在第二天收到文件时，所有快递公司都回到同一条起跑线上，人类社会节奏普遍越来越快。快速发展的时代，你的核心竞争力已经不能成为保护你的壁垒。你的职业规划是三年还是五年，现在以秒、小时、天为单位发生变化。

三是"黑天鹅"事件频发。在发现澳大利亚的黑天鹅之前，17世纪之前的欧洲人认为天鹅都是白色的。但随着第一只黑天鹅的出现，这个不可动摇的观念崩溃了。人类总是过度相信经验，不知道一只黑天鹅的出现就足以颠覆一切。所以，黑天鹅事件指非常难以预测，且不寻常的事件，通常会引起市场连锁负面反应甚至颠覆。真正重大的事件是无法预知的。

四是灰犀牛事件。指太过于常见以至于人们习以为常的风险，比喻大概率且影响巨大的潜在危机。灰犀牛是与黑天鹅相互补足的概念。学者渥克撰写的《灰犀牛：如何应对大概率危机》一书让"灰犀牛"为世界所知。"黑天鹅"比喻小概率而影响巨大的事件，"灰犀牛"则比喻大概率且影响巨大的潜在危机。

你无法预知你的挑战是什么。

你可能辛辛苦苦战胜竞争对手，但完全不属于这个行业的人跨界过来用不同的逻辑、不同的定义取代了你，竞争越来越残酷。

2023年10月18日，新华社微博中转载了习近平总书记的讲话："世界百年未有之大变局加速演进""当前，世界之变、时代之变、历史之变正以前所未有的方式展开"。时代的变化需要我们改变传统的思维模式，以前我们对于固有的问题可能会有固有的答案，那么在今天这样一个量子时代，它更可能表现为没有确定的答案，让人们感到迷茫，感到脆弱，感到焦虑，不知何去何从。

根据中华中医药学会出炉的《2023年全民中医健康指数研究报告》数据显示，"情绪有异常"的居民"疾病状态"比例高达62.2%。

据世界卫生组织估算，全球共有约3.5亿名抑郁症患者，近十年来患者增速约18%。在我国，抑郁症的情况也不乐观。据《2022年国民抑郁症蓝皮书》数据显示，目前我国患抑郁症人数为9500万，这意味着每14个人中就有1个抑郁症患者。

中国睡眠研究会联合慕思集团发布的《2024情绪与健康睡眠白皮书》的数据显示，情绪问题成为人们最常遇到的健康困扰之一。

越是处于这样的时代，越是需要静静地坐下来，翻开中华优秀传统文化的典籍，回到原点，向老子、孔子等圣人先贤学习，学习古老的东方智慧，学习传统的情绪管理法则，以不变应万变，在这个千变万化的世界中立足成长。

一、自我和谐

古代圣人先贤对人性的深刻洞察和对生活的独到见解，给我们留下了丰富的"七情"管理智慧，经过千百年的传承和发展，已经成为中华民族独特的精神财富。我们要充分利用好传统"七情"管理的智慧，避免过度的情绪问题，保持积极乐观的生活态度。

面对百年未有之大变局，我们该拥有怎样的智慧，让自己、团队变得更好，如果在这个层面上去思考，我们如何去和这个时代沟通，掌握什么样的心法去打破过往的限制性观念，去应对那些不确定性，通过创新创造一步一步去解决那些看似复杂的问题，才能使内心不再感到迷茫与焦虑？

这个心法需要从传统"七情"管理智慧中去寻找，需要从倡导通过自我完善达到情绪稳定输出的儒家经典中去寻找，需要从主张内心清净的道家经典中去寻找，需要从注重阴阳平衡的中医中去寻找。他们都强调内心的修养与成长，注重"心治"，提倡"治心为上"，"心"的外显就是情绪，通过"治心"达到情绪的稳定。这种理念有助于个体在面对生活中的迷茫和焦虑时，保持冷静、理智的态度，以不变应万变，从而更好地应对困境，实现自我完善与成长。

看看曾国藩的慎独则心安。

曾国藩（1811—1872），号涤生，湖南湘乡人，是"晚清第一名臣"，湘军的创立者和统帅。

曾国藩融合传统各家思想的基本内容，提出"慎独则心安"，意思是说个人在独处时也要谨言慎行，行为光明磊落，求得心里安稳踏实。曾国藩认为，人如果没做过让自己愧疚的事情，就能够泰然自若地面对天地与鬼神。

曾国藩慎独的修养主要是从静、省、欲这几个方面来实现的。

首先静心。曾国藩每天都要静坐一会，以体验静极生阳，来恢复自己的仁人之心。为了更好地静坐，他曾住在寺庙里，以闭关修行的和尚标准要求自己，并不断读圣贤之书，以净化身心。曾国藩认为"若不静，省身也不密，见理也不明，都是浮的。总是要静。"

其次反省。曾国藩一生都在不断反省。他改号"涤生"，涤即洗涤，意思是洗涤过去的污垢，生即新生，这是曾国藩不断反省改过悟出的字号。曾国藩有一段时间将其日记命名为《过隙影》，意思是虽然时间犹如白驹过隙，一去不返，但可以抓住时间的影子，不断地反省自己的人生，把日记当作是人生的错题本，以此来提醒自己及时改过。

最后遏欲。曾国藩说："遏欲不忽隐微，循理不间须臾，内省不疚，故心泰。"告诉世人要遏制自己的欲望，不能忽略任何一个细微之处，只有这样不断坚持自省，才能够问心无愧，心胸泰然自若。曾国藩认为，慎独是由心诚所积得来，"君子独积诚为慎，小人独积妄生肆"，只有"意诚"，真情实意去克制欲望，不忘初心，才能慎独心安。

《尸子·逸文》记载了孙叔敖的一个小故事。

"为令尹而不喜，退耕而不忧，此孙叔敖之德也。"《庄子·田子方》对此记载得更详细："肩吾问于孙叔敖曰：'子三为令尹而不荣华，三去之而无忧色。吾始也疑子，今视子之鼻间栩栩然，子之用心独奈何？'孙叔敖曰：'吾何以过人哉！吾以其来不可却也，其去不可止也，吾以为得失之非我也，而无忧色而已矣。我何以过人哉！且不知其在彼乎？其在我乎？其在彼邪？亡乎我；在我邪？亡乎彼。方将踌躇，方将四顾，何暇至乎人贵人贱哉！'"

白话译文为："肩吾问孙叔敖道：'你三次出任楚国宰相却不张扬，三次被罢官也没有忧愁，起初我不敢相信，如今看见你面容是那么平和，你到底是怎么想的呢？'孙叔敖说：'我哪有什么过人之处啊！我认为官职爵禄的到来不可能推却，它们的离去也不可以去阻止。我认为得与失都不在于我，因而没有忧愁的神色而已。我哪有什么过人之处啊！况且我不知道这荣耀是在职位上，还是在我身上呢？是因为这个职位大家才尊重我，还是因为我这个人，才尊重我。如果荣耀在于职位，那就与我无关；如果荣耀在于我本人，那就是个人魅力，与职位无关。我每天小心翼翼处理工作上的事情,都快忙死了,哪里有时间去考虑高低尊卑呢?'"

孙叔敖三次担任宰相而不以为荣,三次被罢官而不以为忧,其面容还是那么平和。可见,地位的高贵与低贱都无法引起孙叔敖心境的波动,能够做到以不变应万变,做到了宠辱不惊。

二、人际和谐

《孝经》被列为儒家"十三经"之一,一直以来被中国人奉为圭臬,教导人们在家庭关系中培养孝道和家庭责任感。这种和谐的家庭伦理关系扩充到人际关系中,就是建立以和为贵、以礼相待、相互尊重的和谐人际关系。孔子强调"君子无所争。必也射乎!揖让而升,下而饮。其争也君子"(《论语·八佾》)。意思是君子没有什么可与别人争的事情。如果有的话,那就是射箭比赛了。比赛时,先相互作揖谦让,然后上场。射完后,又相互作揖再退下来,然后登堂喝酒。这就是君子之争。孔子以"仁爱"为基本原则,提出"君子矜而不争,群而不党"(《论语·卫灵公》),反对结党营私,指出善于团结他人,行为庄重而不与他人争执者,方为君子。

与争相对的德行是让,如子贡称夫子"温、良、恭、俭、让"(《论语·学而》);子曰:"能以礼让为国乎?何有?不能以礼让为国,如礼何?"(《论语·里仁》);子曰:"泰伯,其可谓至德也已矣。三以天下让,民无得而称焉"(《论语·泰伯》)。

《论语·宪问》中,子问公叔文子于公明贾曰:"信乎,夫子不言、不笑、不取乎?"公明贾对曰:"以告者过也。夫子时然后言,人不厌其言;乐然后笑,人不厌其笑;义然后取,人不厌其取。"子曰:"其然。岂其然乎?"意思是孔子向公明贾了解公叔文子的情况:"你相信

第一章 引 言

夫子（指公叔文子）不说、不笑、不取财物吗？"公明贾回答说："给您说这话的人说过头了。公叔文子说话很注意时机，人们因此不厌烦他说话；大家都快乐的时候他才会笑，人们因此不厌烦他笑；符合道义的时候才会收取财物，所以人们不厌烦他收取财物。"孔子说："是这样啊！难道只是这样吗？"可见，君子谦让，情绪稳定，人际关系和谐。

小故事：梅兰芳拜师。

京剧大师梅兰芳，他不仅仅在京剧艺术上有很深的造诣，并且还是丹青妙手。他拜画家齐白石为师，虚心求教，总是执弟子之礼，经常为白石老人磨墨铺纸，全不因自己是名角而自傲。有一次，齐白石和梅兰芳同到一家人家做客，白石老人先到，他布衣布鞋，其他宾朋皆西装革履或长袍马褂，齐白石显得有些寒酸，不引人注意。不久，梅兰芳到，宾客蜂拥而上，一一同他握手。可梅兰芳明白齐白石也来赴宴，便四下环顾，寻找老师。忽然，他看到了被冷落在一旁的白石老人，就挤出人群向白石老人恭恭敬敬地叫了一声老师，向他致意问安。几天后，白石老人向梅兰芳馈赠《雪中送炭图》并题诗道：记得前朝享太平，布衣尊贵动公卿。如今沦落长安市，幸有梅郎识姓名。

梅兰芳不仅仅拜画家为师，他也拜普通人为师。他有一次在演出京剧《杀惜》时，在众多喝彩叫好声中，他听到有个老者说不好。梅兰芳来不及卸妆就用专车把这位老者接到家中，恭恭敬敬地对老者说："说我不好的人，是我的老师。先生说我不好，必有高见，定请赐教。"老者指出："阎惜姣上楼和下楼的台步，按梨园规定，应是上七下八，博士为何八上八下。"梅兰芳恍然大悟，此后一直称这位老者为老师。

庄子在《齐物论》中有云："枢始得其环中，以应无穷。是亦一无穷，非亦一无穷也。故曰：莫若以明。"意思是人世间的是非是无穷无尽的，有是必有非，有非必有是，矛盾相反相成，如同圆环上每一个点都有另一个点与之对立，能够占据圆环的中心"环中"，才可以应对无穷的是非，这就是"明"，所以庄子说"莫若以明"。庄子指出世人执着于是是非非的争论，"终身役役而不见其成功，苶然疲役而不知其所归"，如此就不能达到齐物逍遥的境界。可见，宽容别人是一种善与美的体现，更是一种智慧。拥有包容之心的人，其内心深处自然是平静的、快乐的。

另外，有一个流传很久的"六尺巷"的小故事。

据说清代中期，当朝宰相张英与一位姓叶的侍郎都是安徽桐城人。两家毗邻而居，都要起房造屋，为争地皮，发生了争执。张老夫人便修书北京，要张英出面干预。这位宰相到底见识不凡，看罢来信，立即作诗劝导老夫人："千里家书只为墙，让他三尺又何妨？万里长城今犹在，不见当年秦始皇。"张母见书明理，立即把墙主动退后三尺。叶家见此情景，深感惭愧，也马上把墙让后三尺。这样，张叶两家的院墙之间，就形成了六尺宽的巷道，成了有名的"六尺巷"。

三、社会和谐

《资治通鉴·唐纪十》记载唐朝死囚回家过年的小故事。

辛未，帝亲录系囚，见应死者，闵之，纵使归家，期以来秋来就死。仍敕天下死囚，皆纵遣，使至期来诣京师……去岁所纵天下死囚凡三百九十人，无人督帅，皆如期自诣朝堂，无一人亡匿者。上皆赦之。

贞观六年，唐太宗李世民亲自复核审录监狱中的囚犯，见到了应该被处死刑的犯人，内心怜悯他们，放这些囚犯回家，并且约定明年秋季回来受刑。于是下令全国的死刑犯人回家，等到了期限再回京城报到。（到了第二年约定的时间，有关部门经过统计）上一年放回家中的死囚犯人共有390人回到监狱之中，没有人监视管制，全部都按期限自己回到监狱，没有一个人逃走。于是唐太宗将他们全部赦免。

孔子的"礼"文化，就是一种通过规范行为来维护社会秩序的实践。孔子讲："礼之用，和为贵，先王之道斯为美"（《论语·学而》），主张在政治上通过"以德治国"与"以仁施政"来行"王道"。《尚书·尧典》说："百姓昭明，协和万邦"，意思是一个国家须依靠百姓的和睦而得以和谐。《周易·乾卦》说："首出庶物，万国咸宁"，主张通过政通人和、和谐兴邦的理念来达到社会的和谐。

四、生态和谐

《老子·第二十五章》讲"人法地，地法天，天法道，道法自然"，意思是人们依据于大地而生活劳作，繁衍生息；大地依据于上天而寒暑交替，化育万物；自然气候，天象变化遵从宇宙间的"大道"运行；大"道"则依据自然之性，顺其自然而成其所以然。这是道家处理人与自然关系的准则，反映了道家"天人合一"的和谐理念，"道法自然"的和谐原则，就是生态的和谐。

道家的这种人与自然万物和谐共处的理念，首先表现在道家对于环境生态的追求上，《山海经》中的昆仑山、《逍遥游》中的生态洞府、《列子》中的无心之境、《冲虚真经》中的五神山、《史记·封禅书》中的蓬莱、方丈、瀛洲，道家所描述的这些生态环境，是自然世界最为和谐的福地。其次体现在道家对自然的态度上，如果不顺应自然之道，"以人灭天"（《庄子·秋水》），则会"乱天之经，逆物之情"（《庄子·在宥》），如果顺道而为，可以"凡事无大无小，皆守道而行，故无凶"（《太平经》）。有道就长久，无道则早亡。

《孟子·公孙丑上》记载了揠苗助长的故事。

"宋人有闵其苗之不长而揠之者，芒芒然归，谓其人曰：'今日病矣！予助苗长矣！'其子趋而往视之，苗则槁矣。天下之不助苗长者寡矣。以为无益而舍之者，不耘苗者也；助之长者，揠苗者也。非徒无益，而又害之。"

　　古时候有个人，希望自己田里的禾苗长得快点，天天到田边去看。可是，一天、两天、三天，禾苗好像一点也没有长高。他就在田边焦急地转来转去，自言自语地说："我得想个办法帮它们长。"一天，他终于想到了办法，就急忙跑到田里，把禾苗一棵一棵往高里拔。

　　这个人从中午一直忙到太阳落山，弄得筋疲力尽。当他回到家里时，一边喘气一边对儿子说："可把我累坏了，力气没白费，禾苗都长了一大截。"他的儿子不明白是怎么回事，跑到田里一看，发现禾苗都枯死了。

　　小故事：护鹿灭狼。

　　在美国阿拉斯加涅利英自然保护区，老百姓为了保护鹿而把狼消灭了，鹿没有了天敌，终日无忧无虑地饱食于林中。十几年后，鹿群由四千只发展到四万只，但鹿的体态蠢笨，没有了昔日的灵秀，植物也因鹿群迅速繁殖而被啃食、践踏得凋零了。鹿由于缺乏充足的食物及安逸少动所带来的体质衰弱而大批死亡。

第二章
保持喜乐情绪

喜乐指人们感受外部事物带给内心的愉悦、乐观的心理状态，是情绪的具体表达。《毛诗序》："君子长育人材，则天下喜乐之矣。"《淮南子·泰族训》："有喜乐之性，故有钟鼓笙（guǎn）弦之音。"这些经典都很好地描述了喜乐的意境。

———

第一节　中华优秀传统文化中关于喜乐情绪的管理智慧

中华优秀传统文化把"喜"作为七情之首。其原因"喜"是心气所发，心为五脏之首，是故"喜"为七情之首，这是激发人欲望的基础。《说文解字》曰："喜，乐也。"清代段玉裁提到："古音'乐'与'喜'无二字，亦无二音。闻乐则笑。"此处说得很明白，自古以来"喜"和"乐"就是一个意思，甚至古时候读音都一样。"喜"和"乐"都是喜悦、快乐的意思，表达一种积极向上的情绪。

中华传统文化认为世间本有乐趣，人应该喜乐，享受生命，享受阳光雨露，世间之事无一处不喜乐。

一、孔子的喜乐观
（一）安贫乐道的喜乐观

安贫乐道典出《论语·雍也》："贤哉回也！一箪食，一瓢饮，在陋巷。人不堪其忧，回也不改其乐。"据记载，颜回家中贫穷，但他勤奋好学，刻苦读书。他的生活起居十分简单，住在一条简陋的小巷子中，每顿饮食就是吃一碗饭，喝一瓢水，别人为他担忧，但他始终乐观向上，觉得没什么可发愁的。

《庄子杂篇·让王》记载了一个颜回求道的小故事。

孔子周游列国回到曲阜后的一天，孔子谓颜回曰："回，来！家贫居卑，胡不仕乎？"颜回对曰："不愿仕。回有郭外之田五十亩，足以给飦（zhān）粥；郭内之田四十亩，足以为丝麻；鼓琴足以自娱，所学夫子之道者足以自乐也。回不愿仕。"孔子愀然变容，曰："善哉，回之意！丘闻之：'知足者，不以利自累也；审自得者，失之而不惧；行修于内者，无位而不怍。'"

大意是在周游列国回到曲阜后的一天，孔子对颜回说："颜回，你家里穷，房子也小，为什么不去求个一官半职呢？"颜回回答说："学生有些薄田，虽然收入不多，但吃穿已经够了，而且还有琴瑟可以娱乐。只要能学到老师的道德学问，何必出去做官呢？"孔子听后面容变得严肃地说："很好，颜回你的想法很好！我听说过这样一句话，知足的人不会为了功名利禄而去奔波，使自己受累；明白自得其乐的人，就算是有所失，也不会感到忧惧；讲究内心道德修养的人，没有官位也不会感到羞愧。"按孔子这一说法，颜回本有机会去求个一官半职，但是作为"乐道"之士，他自发选择了安贫乐道的生活。

这里要说的是，儒者之乐不是因为贫穷而喜乐，贫穷没什么可值得喜乐的，贫穷也不是我们要追求的东西。儒家倡导的是颜回一直行走在求道的路上，没有因为贫穷与苦难而停下自己的脚步，人生一旦由目标驱动，就会战胜贫穷与苦难，时刻喜乐。

看看苏东坡的《定风波》。

三月七日，沙湖道中遇雨。雨具先去，同行皆狼狈，余独不觉。已而遂晴，故作此词。

莫听穿林打叶声，何妨吟啸且徐行。竹杖芒鞋轻胜马，谁怕？一蓑烟雨任平生。

料峭春风吹酒醒，微冷，山头斜照却相迎。回首向来萧瑟处，归去，也无风雨也无晴。

（二）乐而不淫的喜乐观

《诗经》是中国最古老的文学典籍，《国风·周南·关雎》是《诗经》的第一篇。可以说，一翻开中国文学的历史，首先遇到的就是《关雎》，描述了男女之间纯真美好的爱情。原诗如下：

关关雎鸠，在河之洲。

窈窕淑女，君子好逑。

参差荇（xìng）菜，左右流之。

窈窕淑女，寤寐（wù mèi）求之。

求之不得，寤寐思服。

悠哉悠哉，辗转反侧。

参差荇菜，左右采之。

窈窕淑女，琴瑟友之。

参差荇菜，左右芼（mào）之。

窈窕淑女，钟鼓乐之。

白话译文：

关关和鸣的雎鸠，相伴在河中的小洲。

那美丽贤淑的女子，是君子的好配偶。

参差不齐的荇菜，从左到右去捞它。

那美丽贤淑的女子，醒来睡去都想追求她。

追求却没法得到，白天黑夜便总思念她。

长长的思念哟，叫人翻来覆去难睡下。

参差不齐的荇菜，从左到右去采它。

那美丽贤淑的女子，奏起琴瑟来亲近她。

参差不齐的荇菜，从左到右去拔它。

那美丽贤淑的女子，敲起钟鼓来取悦她。

《论语》中多次提到《诗经》，孔子在《论语·为政》中评价《诗经》说："诗三百，一言以蔽之，曰：'思无邪'！"意思是《诗经》里三百首诗，都是真情流露，没有邪念，但做出具体评价的作品，却只有《关雎》一篇，语见《论语·八佾（yì）》："子曰：《关雎》乐而不淫。""乐而不淫"的意思是人们在表达喜乐情感时要有度，不能太过激动，失去理性和节制。人可以快乐，但不能沉溺其中，不能放荡，不能走向极端，否则会乐极生悲。

"乐而不淫"是儒家的致中和情绪管理的具体表现，就如同《关雎》这首诗里的爱情，爱慕但不放纵，"发乎情，止乎礼义"。

《史记·滑稽列传》记载了成语乐极生悲的由来。

威王八年，楚大发兵加齐。齐王使淳于髡（kūn）之赵请救兵，赍（jī，把东西送人）金百斤，车马十驷。淳于髡仰天大笑，冠缨索绝。王曰："先生少之乎？"髡曰："何敢！"王曰："笑岂有说乎？"髡曰："今者臣从东方来，见道旁有穰（ráng）田者，操一豚蹄，酒一盂，祝曰：'瓯窭（ōu jù）满篝，污邪满车，五谷蕃熟，穰穰（ráng）满家。'臣见其所持者狭而所欲者奢，故笑之。"于是齐威王乃益赍黄金千溢，白璧十双，车马百驷。髡辞而行，至赵。赵王与之精兵十万，革车千乘。楚闻之，夜引兵而去。威王大悦，置酒后宫，召髡赐之酒。问曰："先生能饮几何而醉？"对曰："臣饮一斗亦醉，一石亦醉。"威王曰："先生饮一斗而醉，恶能饮一石哉！其说可得闻乎？"髡曰："赐酒大王之前，执法在傍，御史在后，髡恐惧俯伏而饮，不过一斗径醉矣。若亲有严客，髡帣韝鞠䠯（juǎn gōu jū jì），侍酒于前，时赐馀（shē）沥，奉觞（shāng）上寿，数起，饮不过二斗径醉矣。若朋友交游，久不相见，卒然相覩，欢然道故，私情相语，饮可五六斗径醉矣。若乃州闾之会，男女杂坐，行酒稽留，六博投壶，相引为曹，握手无罚，目眙不禁，前有堕珥，后有遗簪，髡窃乐此，饮可八斗而醉二三。日暮酒阑，合尊促坐，男女同席，履舄（xì，鞋）交错，杯盘狼藉，堂上烛灭，主人留髡而送客。罗襦（rú，短衣）襟解，微闻芗（xiāng，香草）泽，当此之时，髡心最欢，能饮一石。故曰酒极则乱，乐极则悲，万事尽然。"言不可极，极之而衰，以讽谏焉。齐王曰："善。"乃罢长夜之饮，以髡为诸侯主客。宗室置酒，髡尝在侧。

大意是，战国时期，有一年楚军进攻齐国，齐威王连忙派自己信得过的使节淳于髡去赵国求救。

淳于髡果然不辜负齐王重托，到了赵国就请来了10万大军，吓退了楚军。齐威王十分高兴，立刻摆设酒宴请淳于髡喝酒庆贺。齐王高兴地问淳于髡："先生你要喝多少酒才会醉？"淳于髡一看这架势，知道齐王又要彻夜喝酒，必定要一醉方休。他想了想回答道："我喝一斗酒也醉，喝一石酒也醉。"

齐王不解其意，淳于髡解释自己在不同场合、不同情况下酒量会变化："所以我得出一个结论，喝酒到了极点，就会酒醉而乱了礼节；人如果快乐到了极点，就可能要发生悲伤之事。酒极则乱，乐极则悲。所以，我认为做任何事都是一样，超过了一定限度，则会走向反面了。"这就是"酒极则乱，乐极则悲，万事尽然，言不可极，极之而衰。"

这一席话说得齐威王心服口服，当即接受淳于髡的劝告，不再彻夜饮酒作乐。

（三）困而不愠的喜乐观

《论语·卫灵公》记载一段文字：在陈绝粮，从者病，莫能兴。子路愠见曰："君子亦有穷乎？"子曰："君子固穷，小人穷斯滥矣。"意思是孔子在陈国断绝了粮食，随从都饿病了，躺着不能起来。子路愤愤不平地来见孔子说："君子也有困窘没有办法的时候吗？"孔子说："君子在困窘时还能固守正道，小人遇到困窘就会胡作非为。"

孔子更进一步阐明了"志士仁人，无求生以害仁，有杀身以成仁"。意思是有志之士和仁慈之人，决不为了自己活命而做出损害仁义的事情，而是宁可牺牲自己也要恪守仁义的原则。

可见，孔子的喜乐不仅仅是"子之燕居，申申如也，夭夭如也"（《论语·述而》）的平常之乐，更重要的是在困境中保持乐观向上的态度并能恪守道义原则。

让我们看看苏东坡的喜乐人生。

苏东坡（1037—1101），眉州眉山人，北宋文学家，书法家、画家，历史治水名人。

苏东坡的一生，经历了三次对他影响极大的贬谪生涯。先是因反对王安石新法，被卷入新旧党争，被迫离京。接着因著名的"乌台诗案"，以诗作"谤讪朝廷"罪被捕入狱，下狱一百余天，险些丧命，被贬黄州。被召还朝后，看到新兴势力拼命压制王安石一派，认为其与所谓"王党"不过一丘之貉，遂向皇帝提出谏议，对旧党执政后暴露出的腐败进行抨击。由此，又引起了保守势力的极力反对。至此，苏东坡既不能容于新党，又不能见谅于旧党，因而再度被贬。

绍圣四年（1097年），年已六旬的苏东坡被一叶孤舟送到了海南岛儋州。在宋朝，放逐海南是仅比死罪轻一等的处罚。放逐虽苦，东坡泰然，他把儋州当成了自己的第二故乡，"我本儋耳氏，寄生西蜀州"。他办学堂、举乡贡、修水利、调解黎汉两族矛盾，成为儋州文化的开拓者。

苏东坡中年丧妻，老年丧子，为官40年，被贬30年，面对得失进退、悲欢离合，总能笑对人生，写出"枝上柳绵吹又少，天涯何处无芳草"这样的诗词。苏东坡热爱美食，畅享茶乐，正如他自己在《老饕（tāo）赋》中说的那样："盖聚物之夭美，以养吾之老饕"。每顿饭都吃得诗情画意，每壶酒都饮得有腔有调，这就是苏东坡的喜乐人生。

（四）孔子坦然面对生死

孔子对待死亡坦然接受，朝闻道，夕死可矣。《史记·孔子世家》记载："孔子方负杖逍遥于门，歌曰：'太山坏乎！梁柱摧乎！哲人萎乎！'……后七日卒。"孔子早上起来，背着手，拖着手杖，逍遥地在门外散步，歌唱道："太山要崩塌了，栋梁要损坏了，哲人要病倒了。"七天后，孔子去世了。孔子知道自己快离开这个世界了，却能慨然而歌，把对生命的坦荡演绎到如此之高的境界。

小故事："莫道桑榆晚，为霞尚满天"

唐代的刘禹锡和白居易是好朋友，两人晚年都患有眼疾和足疾，看书、行动很不方便。面对这样的晚景，白居易产生了消极、悲观的情绪，写了一首《咏老赠梦得》给刘禹锡：

与君俱老也，自问老何如？
眼涩夜先卧，头慵朝未梳。

有时扶杖出，尽日闭门居。
懒照新磨镜，休看小字书。
情于故人重，迹共少年疏。
唯是闲谈兴，相逢尚有馀。

白居易在诗中详尽地讲述了老迈之苦：头发稀疏，眼力不济，看书也不行了，整天窝在家中，镜子懒得照了，老年生活太难了。刘禹锡读了白居易的诗之后，写了《酬乐天咏老见示》回赠：

人谁不顾老，老去有谁怜。
身瘦带频减，发稀冠自偏。
废书缘惜眼，多灸为随年。
经事还谙事，阅人如阅川。
细思皆幸矣，下此便翛然（xiāo rán，悠然自得）。
莫道桑榆晚，为霞尚满天。

刘禹锡认为人虽然到了老年，但老也有老的好处，经历过的世事多，阅人无数，经验多，每天有大把的时间，悠然自得，是很幸福的事。这首诗表达了刘禹锡对生死问题的清醒认识和乐观的人生态度。尤其是最后两句，"莫道桑榆晚，为霞尚满天"，成为脍炙人口的佳句，被后人无数次引用。

（五）独乐乐不如众乐乐的喜乐观

《向苑·修文》记载：孔子至齐郭门之外，遇一婴儿挈一壶，相与俱行，其视精，其心正，其行端。孔子谓御曰："趣驱之，趣驱之，《韶》乐方作。"孔子至彼闻《韶》，三月不知肉味。故乐非独以自乐也，又以乐人；非独以自正也，又以正人矣哉！于此乐者，不图为乐至于此。

意思是孔子到齐国的城门之外，遇到一小儿拿一酒器，与他一起行走，那小儿目光纯洁，心神纯正，举止严谨。孔子对驾车的人说："快一点，快一点，韶乐就要开始了"，孔子到那里听到了《韶》的演奏，三个月都食不甘味。所以说好的音乐不仅仅是用来让自己快乐的，它还可以让别人也一起快乐，它不仅可以让自己品行端正，也能起到正人的作用。真不可思议，听韶乐后能感受到喜乐的人，也没想到韶乐能达到这样的境界。

《孟子·梁惠王下》中孟子与齐王的对白"独乐乐，与人乐乐，孰乐？""与少乐乐，与众乐乐，孰乐？"可见，儒家追求的是同乐，而非追求少数人的乐。独乐不若与人乐，少乐不若与众乐。群体社会中的最高境界不是"独乐乐"，而是"众乐乐"。

看看诗人杜甫的"大庇天下寒士俱欢颜"的众乐观。

唐代诗人杜甫《茅屋为秋风所破歌》：

八月秋高风怒号，卷我屋上三重茅。茅飞渡江洒江郊，高者挂罥长林梢，下者飘转沉塘坳。

南村群童欺我老无力，忍能对面为盗贼。公然抱茅入竹去，唇焦口燥呼不得，归来倚杖自叹息。

俄顷风定云墨色，秋天漠漠向昏黑。布衾多年冷似铁，娇儿恶卧踏里裂。床头屋漏无干处，雨脚如麻未断绝。自经丧乱少睡眠，长夜沾湿何由彻！

安得广厦千万间，大庇天下寒士俱欢颜！风雨不动安如山。呜呼！何时眼前突兀见此屋，吾庐独破受冻死亦足！

诗中描写的是在上元二年（761）的春天，杜甫求亲告友，在成都浣花溪边盖起了一座茅屋，总算有了一个栖身之所。不料到了八月，大风破屋，大雨又接踵而至。诗人长夜难眠，感慨万千，写下了上面的诗句。杜甫盼望能有千万间房舍，即使遭受风雨的侵袭，这些房屋也能安稳如山，以保障天下贫穷读书人在风雨中的平安，使他们欢欣喜悦。杜甫这种推己及人的仁者襟怀，令人景仰。

再看看范仲淹的众乐观。

宋朝，范仲淹曾经在苏州买过一座宅院，风水先生说这个宅院风水很好，以后一定会出大官。范仲淹听到之后，马上把房子捐出来做了苏州的学堂。他觉得自己不能独占这么好的风水，应该把这份好福气分享给苏州的百姓，让苏州的更多读书人科举高中，以此来改变苏州书生的境遇。

范仲淹有句名言流传至今，"先天下之忧而忧，后天下之乐而乐"。范仲淹追求的不是"独乐乐"，而是"众乐乐"。正是这样的品质和精神，让范仲淹家族得以长盛不衰。在众多家族淹没在历史长河中的时候，范氏家族的辉煌整整延续了八百年。

二、庄子的喜乐观

庄子（约前369—约前286），名周，战国时期宋国蒙人，战国中期思想家、哲学家、文学家，道家学派代表人物，与老子并称"老庄"。

快活是道家的起点与归宿。

（一）生亦乐、死亦乐

一是生亦乐。

《庄子·秋水》："吾闻楚有神龟，死已三千岁矣，王巾笥（sì，箱子）而藏之庙堂之上。此龟者，宁其死为留骨而贵乎？宁其生而曳

（yè，拖）尾于涂中乎？"

楚威王知道庄周很有才学，德行又好，就想请他到朝廷做官。楚威王派了两名大夫作为自己的特使，去请庄子。临行之前，楚威王嘱咐他俩说："你们见到庄子，就对他说我愿意把国家委托给贤人管理。"楚威王又拿出珍珠玉帛，让使者送给庄子。两位使者在濮（pú）水岸边找到庄子，赶忙将楚威王的话向他陈述了一遍。庄子此时正在钓鱼，手里擎着鱼竿，头也没回，气定神闲地说："我听说楚国有一只神龟，已经死了三千年了，现在珍藏在庙堂之上。你们说，这只龟是刳骨留名，被供在庙堂上好呢，还是保全性命，拖着尾巴，活在污泥中好呢？"两位使者不假思索地说："当然是拖着尾巴在污泥中活着好啊！"庄子笑了，头也不抬地对他俩说："那么，你们可以走了，回去对楚威王说，我将要像龟那样拖着尾巴生活在污泥之中！"庄子以神龟宁可"曳尾涂中"的寓言，来强调"生"的喜乐和重要。

《太平经》说："人最善者，莫若常欲乐生，汲汲若渴，乃后可也。"道家认为，人间最善的事，就是乐生。道家"乐生"的观点，被认为既是一种本能，又是一种人生态度。《太平经》宣称"三万六千天地之间，寿最为善"。"寿"，就是好好活着，人生最美好的事情就是好好活着。

二是死亦乐。

原文为：庄子妻死，惠子吊之，庄子则方箕踞鼓盆而歌。惠子曰："与人居，长子，老，身死，不哭亦足矣，又鼓盆而歌，不亦甚乎！"庄子曰："不然。是其始死也，我独何能无概，然察其始而本无生，非徒无生也而本无形，非徒无形也而本无气。杂乎芒芴之间，变而有气，气变而有形，形变而有生，今又变而之死，是相与为春秋冬夏四时行也。人且偃然寝于巨室，而我噭噭然随而哭之，自以为不通乎命，故止

也。"(《庄子·至乐》)

庄子的妻子死了，惠子前往庄子家吊唁，只见庄子岔开两腿，像个簸箕似地坐在地上，一边敲打着瓦缶（fǒu）一边唱着歌。惠子说："你的妻子和你一起生活，生儿育女直至衰老而死，你不哭丧也就算了，竟然敲着瓦缶唱歌，不觉得太过分了吗！"

庄子说："不对的，我妻子初死之时，我怎么能不感慨伤心呢！然而考察她原本就不曾出生，不仅不曾出生而且本来就不曾具有形体，不仅不曾具有形体而且原本就不曾形成气息。夹杂在恍恍惚惚的境域之中，变化而有了气息，气息变化而有了形体，形体变化而有了生命，如今变化又回到死亡，这就跟春夏秋冬四季运行一样。死去的那个人将静静地寝卧在天地之间，而我呜呜地去哭，自认为这是不能通达天命，于是就停止了哭泣。"

庄子以"鼓盆而歌"阐释"死"亦"乐"的超脱境界。

（二）穷亦乐，通亦乐

道家无论"生亦乐""死亦乐"、知足之喜乐还是至静之乐，最后都提升到"至乐即道"。《吕氏春秋·慎人》说："古之得道者，穷亦乐，达亦乐。所乐非穷达也，道得于此，则穷达一也，为寒暑风雨之序矣。"意思是得道之人，穷困也快乐，通达也快乐。他们的快乐并不在于穷困和通达，大道存于心中，那么困厄与通达就像是寒与暑、风与雨那样有规律地变化了。得道之人身处困境之时不会灰心丧气，处于顺境之时也不会骄傲张狂，真正的快乐和满足来自内心的修炼和追求，而不是物质财富和社会地位的追求。至乐即道。

宋代以"乐"为核心的代表人物白玉蟾，他有首很有影响力的《快活歌》。内容如下：

快活快活真快活，被我一时都掉脱。
撒手浩歌归去来，生姜胡椒果是辣。
如今快活大快活，有时放颠或放劣。
自家身里有夫妻，说向时人须笑杀。
向时快活小快活，无影树子和根拔。
男儿端的会怀胎，子母同形活泼泼。
快活快活真快活，虚空粉碎秋毫末。
轮回生死几千生，这回大死方今活。
旧时窠臼泼生涯，于今净尽都掉脱。
元来爹爹只是爷，懵懵懂懂自瓜葛。
近来髣髴辨西东，七七依前四十八。
如龙养珠心不忘，如鸡抱卵气不绝。
又似寒蝉吸晓风，又如老蚌含秋月。
一个闲人天地间，大笑一声天地阔。
衣则四时惟一衲，饭则千家可一钵。
三家村里弄风狂，十字街头打鹘突。
一夫一妻将六儿，或行或坐常兀兀。
收来放去任纵横，即是十方三世佛。
有酒一杯复一杯，有歌一阕复一阕。
日中了了饭三餐，饭后齁齁睡一歇。
放下万缘都掉脱，脱得自如方快活。
用尽醒醒学得痴，此时化景登晨诀。
时人不会翻筋斗，如饥喫盐加得渴。
偶然放浪到庐山，身在白苹红蓼间。
一登天籁亭前望，黄鹤未归春雨寒。

心酸世上几多人，不炼金液大还丹。
忘形养气乃金液，对景无心是大还。
忘形化气气化神，斯乃大道透三关。
绛宫炎炎偃月炉，灵台寂寂大玄坛。
朱砂乃是赤凤血，水银乃是黑龟肝。
金铅揉归入土釜，木汞飞走居泥丸。
华池正在气海内，神室正在黄庭间。
散则眼耳鼻舌忙，聚则经络荣卫闲。
五脏六腑各有神，万神朝元归一灵。
一灵是谓混元精，先天后天乾元亨。
圣人采此为药材，聚之则有散则零。
昼夜河车不暂停，默契大造同运行。
人人本有一滴金，金精木液各半斤。
二十八宿归一炉，一水一火须调匀。
一候刚兮一候柔，一爻武兮一爻文。
心天节候定寒暑，性地分野争楚秦。
一日八万四千里，自有斗柄周天轮。
人将蜕壳阴阳外，不可不炼水银银。
但得黄婆来紫庭，金翁姹女即婚姻。
青龙白虎绕金鼎，黄芽半夜一枝春。
九曲江头飞白雪，昆仑山巅腾紫云。
丁公默默守玉炉，交媾温养成胎婴。
神水沃灭三尸火，慧剑扫除六贼兵。
无中生有一刀圭，粪丸中有蜣螂形。

木心先生的《文学回忆录》曾写过这样的一段话：贫穷是一种浪漫。我买不起唐人街东方书局大量关于屈原的书，就携带小纸条去抄录。上海火车站外小姑娘刷牙，是贫穷，也是一种浪漫。

（三）知足之喜乐

千百年来，道家追求生命的大自在，化成大鹏逍遥于天地之间，与大道同游，看淡现实世界，追求独与天地精神相往来的大境界。说到底，道家追求的是心的逍遥。而要让心无挂碍，那就要减少欲望，知足才能常乐，一个人如果心里很满足，他在利益面前也将不屑一顾，他的精神世界是富有的，这就是道家的"知足者富""故知足之足"。道家以"知足常乐"相号召，把保重身体、快乐地活着放到了教义的第一高度，这就是道家的喜乐观。

"不足故求之，争四处而不自以为贪；有余故辞之，弃天下而不自以为廉。"（《庄子·盗跖》）其大意是：不能知足，所以贪求不已，争夺四方财物却不觉得是贪婪；心知有余，所以处处辞让，舍弃天下却不认为是清廉。"祸莫大于不知足，咎莫大于欲得。"（《老子·德经》）意思是人最大的祸害莫过于不满足，最大的过失莫过于贪得无厌。老子认为，产生祸患的根源，是人的欲望和野心。

清朝大贪官和珅究竟贪了多少钱？根据一些史料记载，按照当时清政府每年七千万两白银左右的财政收入来算，和珅的家产相当于清政府十五年的财政收入总和。按照现在人民币的购买力来算，和珅的家产相当于一万亿元人民币左右。这个数字足以让他成为当今世界首富。欲壑难填，贪婪无度，完全丧失认知，最后在49岁的大好年华被赐自裁。

现代科技越来越发达，我们应该活得越来越轻松。但事实相反，每个人在现实的世界里越来越忙，越来越卷，越来越累。究其原因，很大程度是源于内心的不知足。其实一个人活着不需要那么多的财富，《增广贤文》有言:"良田万顷,日食三餐;大厦千间,夜眠八尺。"大自然足够丰富,足以满足人类的需要,人为什么想要占有那么多的财富?就是出于欲望。大自然足以满足人类的需要,但不能满足人类的贪婪,人类需要清醒。

明朝王爷之子朱载堉,历经人生百态,看透了人性,留下一首《不足歌》,说透了人性的欲望与贪婪,这也是中国版的马斯洛需求层次理论。

> 终日奔波只为饥,方才一饱便思衣。
> 衣食两般皆具足,又想娇容美貌妻。
> 娶得美妻生下子,恨无田地少根基。
> 买到田园多广阔,出入无船少马骑。
> 槽头扣了骡和马,叹无官职被人欺。
> 县丞主簿还嫌小,又要朝中挂紫衣。
> 若要世人心里足,除是南柯一梦西。

朱载堉的一生,从王爷之子,到罪人之子,再到一介布衣,可谓是尝尽了人间冷暖,也许只有这种看清了人生百态的人,才能对人性的贪婪做出如此深刻的评价。

明代文学家王守仁有篇散文《胡凤仪先生九韶》。

金溪胡九韶家甚贫,课儿力耕,仅给衣食。每日晡(bū),焚香谢天一日清福。其妻笑之,曰:"饘粥三厨,何名清福?"先生曰:"幸生太平之世,无兵祸;又幸一家乐业,无饥寒;又幸榻无病人,狱无囚人,非清福而何?"

住在江西金溪的胡九韶,家境十分贫寒,一边教儿子读书一边耕种,勉强维持温饱。他每天下午,还焚香感谢上天又给他享受了一天清福。妻子笑他，说："一日三餐全是菜粥，这叫什么清福呀？"胡九韶回答说："我们有幸生活在太平之世，没有战乱。一家大小吃穿不愁，没有饥寒。家中没有人病在床上，也没有人被关在监狱里。这不是清福又是什么呢？"

知足的人最幸福，这是道家的"故知足之足"的喜乐。

三、李筌的至静之乐

唐代的李筌（quán）重新阐释了庄子的"至乐"。他在《黄帝阴符经疏卷下》讲："至乐者，非丝竹欢娱之乐也。若以此乐，必无余。故《家语》云：至乐无声而天下之人安……无所忧惧，自然心怀悦乐，情性怡逸，逍遥有余。岂将丝竹欢宴之乐而方比此乐乎？至如古人鼓琴拾穗、行歌待终，故曰：至乐性余也。至静则廉者，既不为小人丝竹奢淫之乐，自保其无忧无事之欢，如此则不为声色所挠，而性静情怡，神贞志廉也……故谓至乐至静也，人能至静可致神通，是名至静则廉也。"

李筌不认同"丝竹娱乐"等艺术之乐，而推崇"至静"之乐，认为"至静"才是"至乐"。

什么是"至静"？

"至静"是指主体的心态"无所忧惧""不为声色所挠"，故能"心怀悦乐，情性怡逸，逍遥有余"。（《黄帝阴符经疏卷下》）正如老子的"致虚极，守静笃"，就是要排除外部世界的一切干扰，人处于静心的状态，感知人的生命的自由发展和宇宙万物的自然之美。

怎样修炼到"至静"？

李筌认为还是要从"修心"做起。他认为"戒目收心"、少私寡欲，能使修道者"身心正定，耳目聪明，举事发机，比常十倍。"这与儒家思想殊途同归。

四、中医的顺逆平衡喜乐观

从中医的角度来看，《黄帝内经》中说："喜则气和志达，荣卫通利，故气缓矣。"人在过度的怒、悲、忧等情绪状态，就会气机紊乱，"喜乐"则可以使这些紊乱的气机恢复到正常的状态。所以，对各种不良情绪引起的气机逆乱，"喜乐"都有舒缓作用。

然而，如果喜乐过度则伤心，心气涣散，神不守舍。《灵枢·本神》说："喜乐者，神惮散而不藏。"《医碥·气》说："喜则气缓，志气通畅和缓本无病。然过于喜则心神散荡不藏，为笑不休，为气不收，甚则为狂。"心藏神，心神散荡，喜笑不休则伤心。可见，中医讲的喜乐是指顺应本性，强调愉悦和平和，不是狂喜，而是顺逆平衡。

关于狂喜之害，有范进中举的故事为例。

范进瞒着丈人，到城里乡试。出榜那日，家里没有做早饭的米，范进慌忙抱了鸡，出门卖鸡。才去不到两个时辰，只听得一片声的锣响，三匹马闯将来。叫道："快请范老爷出来，恭喜高中了！"那些报录人簇拥着要喜钱。正在吵闹，又是几匹马，二报、三报到了，挤了一屋的人。老太太没奈何，只得央及一个邻居去寻他儿子。那邻居飞奔到集上，见范进抱着鸡，在那里寻人买。邻居道："范相公，恭喜中了举人。"范进当是哄他，只装不听见。邻居道："你中了举了，叫你家去打发报子哩。"范进道："高邻，你晓得我今日没有米，要卖这鸡去救命，为什么拿这话来混我？"邻居见他不信，劈手把鸡夺了，把他拉了回来。范进到家，见报帖已经升挂起来，上写道："捷报贵府老爷范讳高中广东乡试第七名亚元。京报连登黄甲。"范进看了一遍，又念一遍，道："噫！我中了！"说着，往后一跤跌倒，不省人事。老太太慌了，慌将几口开水灌了过来。他爬将起来，又拍着手大笑道："好！我中了！"笑着，就往门外飞跑。走出大门不多路，一脚踹在塘里，挣起来，头发都跌散了，两手黄泥。众人一齐道："原来新贵人欢喜疯了。"报录的内中有一个人道："范老爷平日可有最怕的人？他只因欢喜狠了，痰涌上来，迷了心窍。如今只消他怕的这个人来打他一个嘴巴，说：'这报录的话都是哄你，你并不曾中。'他吃这一吓，把痰吐了出来，就明白了。"众邻都拍手道："范老爷怕的，莫过于胡老爹。"正赶上胡屠户来贺喜。进门后老太太大哭着告诉了一番。胡屠户诧异道："难道这等没福？"众人如此这般，同他商议。胡屠户作难道："虽然是我女婿，如今却做了老爷，就是天上的星宿。天上的星宿是打不得的！"邻居内一个尖酸人说道："你救好了女婿的病，阎王叙功，从地狱里把你提上第十七层来，也不可知。"屠户被众人局不过，只得连斟两碗酒喝了，壮一壮胆，将平日的凶恶样子拿出来走到集上，见范进正在一个庙门口站着，散着头发，满脸污泥，口里叫道："中了！中了！"胡屠户凶神似的走到跟前，说道："该死的畜生！你中了甚么？"一个嘴巴打将去。范进因这一个嘴巴，却也打晕了，昏倒于地。众邻居一齐上前，替他抹胸口，渐渐喘息过来，眼睛明亮，不疯了。

第二节　现实启示

喜乐是一种宝贵的情感和态度，让人变得快乐与充实，是一种能够改变生活的力量。

从生理角度来看，当我们感到喜乐时，身体会释放出更多的内啡肽和多巴胺等神经递质，这些物质可以提高我们愉悦的心情，增强幸福感，并促进身体的健康。

从心理角度来看，一般而言，喜乐情绪有两个来源。一是外部情境。有机体会对特定的环境产生反应，人在喜乐的情境中会产生愉快的情绪，爱美的女孩穿新衣服时的开心，球队获胜时的喜悦，研发团队攻克难关时的成就感，企业家看到产品被社会认可时内心的满足感，人处在喜乐的状态会哼出歌儿来，甚至手舞足蹈。二是内在心境。一个人拥有完整的心灵状态，内心平静，无论顺境逆境，无论好事坏事，内心依然保持乐观的状态，深知"祸兮，福之所倚；福兮，祸之所伏。"（《老子》）保持心平气和的心境，正如梁实秋所说："内心湛然，则无往而不乐。"

一、拥有正确信仰的人内心喜乐

信仰，是指某人自发对某种思想或宗教或追求的信奉敬仰。信仰的本质就是一种能够使人内心稳定的力量。人信仰什么，就会有什么能力与能量。信仰正就会有正的能量与能力，信仰邪就会有邪的能量与能力。在生活中，有正确信仰的地方就有喜乐、有欢笑、有歌声、有彼此的关怀、有真诚的爱。有正确信仰的人，会为信仰去奋斗，生活有目标，会战胜生活中的困难，情绪稳定，常常喜乐。

这种喜乐是发自内心的喜乐，由内而外的生命常态。即使身处逆境之中，只要有正确的信仰，由目标驱动，日子有奔头，心中有自信，内心就喜乐，这是生命成熟的标识。

长征路上非常艰苦，但红军战士拥有共产主义的信仰，有建立新中国的目标，对革命事业充满希望。爬雪山时，他们知道自己也许会倒下，但他们心中依然坚强乐观，他们坚信他们的子孙后代将会过上好日子，所以能够始终保持高昂士气。山东籍老红军战士秦师常常喜乐，去看望他的人问他："秦老，长征时苦不苦？"他坚定地说："不苦，我心里明白，我们会胜利的。"其实他的亲哥哥就牺牲在长征路上。正是有了正确的信仰，红军战士才能战胜恶劣自然环境的挑战，才能战胜敌人的军事围剿，锻造了一支历史上无与伦比的坚强队伍，创造了人类历史上的壮举。

《王文成公全书》记载了王守仁龙场悟道的故事。

昔孔子欲居九夷，人以为陋。孔子曰："君子居之，何陋之有？"守仁以罪谪龙场。龙场，古夷蔡之外。人皆以予自上国往，将陋其地，弗能居也；而予处之旬月，安而乐之。夷之人其好言恶詈（lì，骂），直情率遂。始予至，无室以止，居于丛棘之间，则郁也；迁于东峰，就石穴而居之，又阴以湿。予尝圃于丛棘之右，民相与伐木阁之材，就其地为轩以居予。予因而翳（yì，遮盖）之以桧（guì）竹，莳（shì，种植）之以卉药，琴编图史，学士之来游者，亦稍稍而集于是。人之及吾轩者，若观于通都焉，而予亦忘予之居夷也。因名之曰"何陋"，以信孔子之言。嗟夫！今夷之俗，崇巫而事鬼，渎礼而任情，然此无损于其质也。诚有君子而居焉，其化之也盖易。而予非其人也，记之以俟来者。

王守仁真正实践了"君子居之，何陋之有"。正德元年，王守仁35岁，因上疏论救，触怒宦官刘瑾，被贬至贵州龙场做驿丞。王守仁一路奔波，历尽追杀，37岁抵达龙场。当时的龙场，处于万山丛棘之中，蛇虺（huī）魍魉（wǎng liǎng）、蛊毒瘴疠，环境极其恶劣。王守仁住山洞，开荒种地，面临生死考验。他从圣人的思想中悟出人生之道，并转换为内心的坚强意志，这样他就感觉龙场的生活也不那么苦了。谪居三年，日子也过得风生水起。王守仁认为，一切问题都是心的问题。所以，做人一定要保持心态的积极乐观，尤其是面对人生低谷时，更要想得开、看得开。龙场悟道成就了王守仁的心学，奠定了他建功立业的基础。《玩易窝记》《何陋轩记》《君子亭记》《五经臆说序》《瘗（yì）旅文》等著名文章都是龙场悟道的成果。

二、拥有人生理想的人内心喜乐

拥有人生理想的人，就会敬畏他的理想，时刻反省自己，警惕自己的欲望，用理想美德来约束人性不完美的层面，内心有稳定的力量，能够战胜欲望的诱惑，情绪稳定，内心喜乐。

情绪稳定是非常难的，平时的口舌之争、嫉妒妄言等，直接影响着人的情绪。没有人生理想，就没有人生目标，心中就没有光明，就没有敬畏之心，欲望容易膨胀，当整个心被包裹在各种诱惑的黑暗之中，一旦成为超出理性的心理妄想，能力又跟不上野心，就容易抱怨，导致情绪失控。心理学研究表明，人的欲望越多，人越不快乐。可谓"端只为爱河欲海起波涛，名缰（jiāng）利锁不能逃。"（《金莲记·赋鹤》）

朱熹宿梅溪胡氏客馆观壁间题诗，写下自警二绝：

其一：
贪生莝豆不知羞，腼面重来蹑俊游。
莫向清流浣衣袂，恐君衣袂浣清流。

其二：
十年湖海一身轻，归对黎涡却有情。
世路无如人欲险，几人到此误平生。

叶曼女士曾讲"名、利、权、情"这四样东西，拿不走，带不动，却能要人命。万般罪错皆因贪念起，诸多烦恼皆因贪念生，贪婪之心和非分欲望，犹如燎原之火、滔天之水，不遏制后果将会不堪设想。如何走出欲望的漩涡？

突破小我，提高认知，树立人生崇高理想。人的一切情绪，都来自"我"，戒掉了"我"，也就戒掉了"我"的情绪。人世间每天发生着数不清的喜剧与悲剧，我们不会因此感到喜乐与悲伤，原因在于它远在天边，我们没有入局其中。一旦我们入局其中，有了"我"的意识，无论多小的事情，内心都会汹涌澎湃。因为沉浸在自我情绪的世界里，就会蒙蔽双眼，蒙昧心灵，阻断智慧的源泉，无法实现心灵的平静和自由。树立人生崇高理想，突破小我，内心清净安乐，情绪稳定。

叶曼女士 96 岁依然在讲台上为北大师生讲授《老子》，她 6 岁读《左传》，《左传》有言"大上有立德、其次有立功、其次有立言"，至此建立志向，90 余岁依然不敢懈怠。她告诉学生，如果她讲着讲着，就倒下了，她走了，大家不要害怕，不要难过，这是无疾而终，这是她的志向，她不愿意死在床上，她愿意死在讲台上，她很高兴。

叶曼女士讲《老子·第八章》时，讲到"居善地，心善渊，与善仁……夫唯不争，故无尤"，叶曼女士告诉学生人心向善，善良像深潭的水不枯竭，为什么？因为有源头活水，活水就是知识、就是智慧、就是自律，这样才能苟日新，日日新，又日新，作新民，才不会自顾自闭，强不知以为知。

另一个例子是黄旭华赫赫而无名的人生。

1958 年，作为国家最高机密的中国核潜艇工程正式立项。34 岁的黄旭华参加了"核潜艇总体设计组"工作，是最早研制核潜艇的专家之一。参加项目组后，为了保密，他与父母的联系只能通过信箱。父母多次写信来问他在哪个单位、做什么工作，他总是避而不答。父亲去世时也不知道他在干什么，他也没能见到父亲最后一面。对于黄旭华的多年不归，亲人们多有怨言。30 年没回家，母亲难免也不理解。1987 年，《文汇月刊》发表了报告文学《赫赫而无名的人生》，讲述了一位核潜艇总设计师为中国核潜艇事业隐姓埋名 30 年的事迹。黄旭华把文章寄给了母亲，文中虽然没有提到他的名字，但写了"他妻子李世英"，老母亲知道这是她的三儿媳。文章尚未读完，老人已经泪流满面。母亲把家人叫来，说"三哥的事大家要理解，要谅解"。黄旭华隐姓埋名工作30年，从踌躇满志的少年到白发苍苍的老叟，他说"我快乐了一辈子""这几个字是我从事核潜艇事业的写照。一个是痴字，一个是乐字。痴，痴迷于核潜艇，献身核潜艇的事业我无怨无悔。乐，乐在其中，对待任何事物都是乐观对待。"

三、拥有豁达心胸的人内心喜乐

豁达是一种宽容地接纳所有人和事物的心胸。组织乃至社会中每个人都是不一样的，个性、教育程度、文化背景等都存在差异，但都有其存在的意义，也都在贡献自己的力量。只有每个人都充分发挥自己的才干，组织的目标才能实现，才能有好的社会。所以，人在社会乃至组织中，要有豁达的心胸，不应该以自己的私心为出发点去衡量一切，应该多为他人着想，尊重他人存在价值，相互团结。唯有如此，个人的能力在社会乃至组织中才能得到充分地发挥，组织及社会才会越来越好。

组织中常常存在这样的问题：A 部长对 B 部长有意见，他不向 B 部长当面讲，却和自己的部下讲，以至于组织上上下下都知道，偏偏 B 部长不知道。而就算 B 部长知道 A 部长对他有意见，他也不能直接去问 A 部长，因为一问就会自讨没趣。最后，B 部长也说 A 部长的坏话，于是大家都知道他们之间的矛盾。当上级领导过问此事时，A 部长和 B 部长又会一致否定这件事，并说两个人合作很好，个人关系也不错，他们是不会在上级领导面前暴露矛盾的。

这是组织中干部缺乏豁达的心胸，对某个人的异议不主动沟通寻求解决问题的办法，却在背后揭短。工作起来别别扭扭，互相使绊子，工作流程不流畅。导致的结果就是个人心情不好，情绪不高；组织的效率越来越低，组织的目标很难实现。

小故事：蔺相如化敌为友

战国时期赵国的文臣蔺相如靠着极强的沟通力，不仅使"和氏璧"完璧归赵，而且在渑（miǎn）池会上为赵国争得了尊严，被拜为上卿，位列大将廉颇之上。廉颇不服气，认为自己功勋卓著，应位列蔺相如之上。他说，蔺相如只靠三寸不烂之舌，就爬到他的头上去，他下决心要当面羞辱蔺相如。这话被蔺相如知道了，便谎称有病不上朝，避免与廉颇碰面。蔺相如的随从们愤愤不平，他们纷纷对蔺相如说，怎么见了廉颇，就像老鼠遇到猫一样，这是为什么呢？

蔺相如劝导大家，廉颇与秦王相比，谁厉害，大家难道不知道吗？秦国最忌惮的是，赵国文有蔺相如、武有廉颇。假如我俩不和，赵国内部力量就会削弱，秦国则会乘机攻打。我这样的避让，不是怕廉将军，而是为了国家。

廉颇得知以后十分愧疚，他脱下将军军服，背上荆条，到蔺相如府上"负荆请罪"。蔺相如闻知廉颇到了，热情相迎。蔺相如顾全大局，有效化解矛盾，两人自此结为知己，齐心协力保卫赵国。

小故事：任正非的豁达人生

悲观的人是创不了业的。面对美国的打压，对华为来说无疑是一次逆境，任正非表现出了沉着和乐观。他在接受美国彭博电视台、美联社、《华尔街日报》、法国《观点》周刊记者采访时，展现了一位企业家的良好精神状态。任正非身着考究西装，面容熠熠生辉，回答问题时，不回避矛盾，又非常谦虚，逻辑思维缜密，对未来抱有坚定的信念，自信而乐观。任正非讲："这些年华为成功的关键，是矢志不渝为客户创造价值，所以客户相信华为。今天面临这么恶劣的环境，客户还要买华为的 5G，就能证明。"可见，任正非的乐观，源自他三十多年来秉持"为客户创造价值"的理念所带来的巨大底气。

即便华为被美国制裁，女儿被扣留在加拿大，任正非却说："其实我要感谢美国，他们让世界知道了华为！"近年来，任正非多次讲要向美国学习。"我们首先要肯定美国在科学技术上的深度、广度，都是值得我们学习的，我们还有很多欠缺的地方，特别是美国一些小公司的产品是超级尖端的。""今天我们仍然是这样崇拜美国，没有改变。""不能有狭隘主义，还是要认真向美国学习，因为它最强大。"

任正非谦虚、乐观的态度令人叹服，甚至在面临可能的牢狱之灾时，他还能幽默地表示，如果被捕了，他可以在监狱里读美国历史，写一本关于中国未来二百年应该如何崛起的书。任正非就是这样，顺风顺水时充满危机意识，身陷绝境后又表现出乐观与幽默，这不就是孔子所说的"故君子居易以俟命"？

怎么才能拥有豁达的心胸呢？

《论语·子罕》有言："子绝四：毋意，毋必，毋固，毋我。"

一是毋意。

所谓"毋意"就是不要有疑心病，对别人不放心，天天疑神疑鬼。有疑心就有猜忌，有猜忌就可能让人变得狠毒和暴戾。有这种心理的人，心中不可能喜乐。

南朝宋将檀道济跟随武帝刘裕南征北战，屡立战功。后刘裕之子文帝以其身为前朝重臣、其子皆善战怀疑猜忌他，并最终杀害他。檀道济被杀时怒曰："乃坏汝万里长城！"北魏听到檀道济被杀，上下弹冠相庆。后宋终为北魏所灭，文帝后来叹息："如有檀道济在，也不会让胡骑横行到这地步了。"

《史记》记载乐毅为燕将，"下齐七十余城"。但燕惠王本来就猜疑乐毅，又听信了谗言，削掉乐毅的兵权。乐毅认为"善作者不必善成，善始者不必善终"，离燕赴赵。此后，燕国与齐作战，大败，齐国趁机收复了七十城，燕国元气大伤。

小故事：头盔鱼和巨蝎虾

在墨西哥湾深处，生活着两种奇怪的动物：头盔鱼和巨蝎虾。头盔鱼因其头上长有一个像头盔一样的东西而得名。成年头盔鱼的体重大约2千克，而它的头盔就有1千克重。沉重的头盔除了能够保护它之外，也给它的行动带来了不便。一般头盔鱼游动几分钟就会感到吃力，常常停下来休息一阵后再继续上路。巨蝎虾也是因其外表长得像蝎子又像虾而得名，成年巨蝎虾的体重足有10千克。巨蝎虾长有两把巨钳，动作敏捷，善于捕食，但它感官迟钝，总是把握不准猎物所在的方位。相比较而言，头盔鱼则感官灵敏，它的皮肤能够感觉到九千米以外的猎物和敌人。因此，头盔鱼和巨蝎虾总是互相合作，一起捕食。

借着各自的长处，头盔鱼和巨蝎虾分工明确。头盔鱼负责指明方向，诱敌深入，而巨蝎虾则负责跟踪猎物，捕获猎物。成功后，它们共享美食。在食物丰盛的季节，它们合作得很好，然而一旦食物缺乏，双方便很容易产生矛盾。例如，巨蝎虾按照头盔鱼指的方向一连数天都没有捕到猎物，那么巨蝎虾会认为头盔鱼是在玩弄自己，于是它趁头盔鱼不注意时向其发动攻击。

头盔鱼本能地躲避，但头顶沉重的头盔令它很难躲开巨蝎虾的攻击。为了不让巨蝎虾得逞，头盔鱼只得奋力自保。当头盔鱼被逼到绝境时，它还会做出一件不可思议的事情——与巨蝎虾同归于尽。头盔鱼会将巨蝎虾引至虎鲸聚集之地，然后毫不犹豫地钻入虎鲸之口，而尾随其后的巨蝎虾便跟随头盔鱼一起葬送于虎鲸之口。

只有互相信任的合作才能取得最后的胜利，否则便会像头盔鱼和巨蝎虾一样，因相互猜疑而毁人误己，甚至丢掉性命。

二是毋必。

所谓"毋必"就是不持绝对的态度，不要想当然认定事情会怎样。当前社会节奏越来越快，天下事随时随地、每分每秒都在变化，要因时变通。

"想当然"是指凭主观推测，认为事情大概是或应该是怎样。

很多问题发生后，经常听到这样的解释：我哪想到、我以为、我原来认为、大家一开始都觉得、专家们都说等。"想当然"背后，往往是长期形成的思维定式，太过于相信某个规则的延续性，太相信个别人的可靠性，低估风险。

小故事：不能想当然地看不起竞争对手

20世纪60年代，日本汽车在美国市场占有率低于4%，美国汽车公司根本没有将其视为竞争对手，想当然地认为对美国根本构不成威胁。1967年日本汽车在美国的市场占有率接近10%，但依然没有引起美国公司的重视。世界石油危机爆发后，日本汽车以其省油、耐用的特点大受美国用户欢迎，在美国的市场占有率飙升，美国汽车公司这才开始着急，但悔之晚矣。1989年，日本汽车在美国的市场占有率超过30%，而且，这种状况持续了三十多年。2023年日系车在美国的整体市场份额约为35.5%。

小故事：美国"想当然"地认为日军不会偷袭珍珠港

1941年12月7日清晨，日军偷袭珍珠港，不宣而战，停在珍珠港内的美国海军遭受重创，死伤惨重。美国之所以遭遇如此重创，原因在于美国"想当然"地认为，美国没有对德、意、日等国宣战，美日关系不是敌对关系，日本没有理由攻击美国；夏威夷距离日本本土太远，远洋作战对日本而言难度太大；鱼雷的技术难题日本解决不了。所以，美国"想当然"认为不会有这场战争。日军的突袭而至，让美军猝不及防，损失惨重。

三是毋固。

所谓"毋固"，是说天下事随时随地、每分每秒都在快速变化中，要改变传统的思维模式，不能故步自封，不要固执己见。

小故事：河伯与北海若

秋天的洪水随着季节涨起来了，千百条江河注入黄河，直流的水畅通无阻，就连对岸和水中沙洲之间的牛马都看不清楚。河伯高兴地自得其乐，认为天下一切美景全都聚集在自己眼前。河伯顺着水流向东而去，来到北海边，面朝东边一望，看不见大海的尽头。此时河伯转变了原来欣然自得的表情，面对海神若仰首慨叹道："有句俗语说，听到了许多道理，就以为没有人比得上自己，说的就是我啊。"

北海若说："对井里的青蛙不能够与它讨论关于大海的事情，是因为井口局限了青蛙的眼界；对夏天的虫子不能与它谈论关于冰雪的事情，是因为它被生存的时令所限制；对见识浅陋的人不可与他谈论大道，是因为他的眼界受着教养的束缚。如今你从河岸流出来，看到大海后，才知道你的不足，这就可以与你谈论大道了。"

河伯说："那么我把天地看作是最大，把毫末之末看作是最小，可以吗？"

北海若回答："不可以。万物的量是无穷无尽的，时间是没有终点的，得与失没有不变的常规，事物的终结和起始也没有固定。所以具有大智的人观察事物从不局限于一隅，因而体积小却不看作就是少，体积大却不看作就是多。算算人所懂得的知识，远远不如他所不知道的东西多，他生存的时间，也远远不如他不在人世的时间长；用极为有限的智慧去探究没有穷尽的境域，所以内心迷乱而必然不能有所得。由此看来，又怎么知道毫毛的末端就是细小的极限，又怎么知道天与地就是最大的极限呢？"

四是毋我。

所谓"毋我"就是不要太自我，不要自以为是。太自我通常表现为以自我为中心的性格特征或行为模式。这种性格的人往往只关注自己的需求和感受，忽视或轻视他人的需求和感受，表现出自私、自大、自我封闭等倾向。他们可能缺乏同理心，难以理解和关心他人的处境和感受，从而在人际交往中遇到障碍。

一个人如果自我意识过强，凡事都以自我为中心的话，很可能会找不到自己和外部世界相处的平衡点，自己的生活也会失衡。

《围城》中的苏文纨是新派大家闺秀，女博士，打扮斯文讲究，内心是一个十分自我的人。她过于迷信自己的感受和认识，所以变相地把自己圈禁在了自己的小世界里，自以为高傲独特。实际上，在外人眼里，她的身上总是带着一股子落寞与不合群。钱钟书的描述是："那女人平日就有一种孤芳自赏、落落难合的神情——大宴会上没人敷衍的来宾或喜席上过时未嫁的少女所常有的神情。"

苏文纨心高气傲，当把橄榄枝抛给方鸿渐时，她自己认为是给方鸿渐一个感激涕零跪着接受的机会。她的想法是，我看上你，已经是委屈了自己，已经是你天大的福分，你怎么可能看不上我。她如此想当然，从来没有怀疑过自己的魅力，把方鸿渐情感上的游移都当成了是他和其他的男人为自己争风吃醋，也怪不得她在方鸿渐决意要离开时还满心以为他是要向自己求婚。她没有想到自己早已列入大龄女青年行列，仍然受性格的桎梏行事，最后也因为这样自我的性格，让她在爱情的路上走得非常坎坷，最终下嫁曹元朗。

小故事：为等老公阻碍高铁关门

铁路上海局通报：2018年1月5日，由蚌埠南开往广州南站的G1747次列车在合肥站停站办客时，一名带着孩子的妇女以等老公的名义，用身体强行阻挡车门关闭。铁路工作人员和乘客多次劝解，该女子仍强行扒阻车门，造成该列车晚点发车。

该妇女藐视法律，蔑视规则，因私废公，其行为造成不良社会影响。

"毋意，毋必，毋固，毋我"四训，人人都要面对，因为它涉及人的本能心理和行为习惯问题。要克服这些心理问题，真正做到"毋意，毋必，毋固，毋我"，才能心中喜乐。

四、拥有幽默智慧的人内心喜乐

幽默形容有趣或可笑而意味深长。最早此二字出现在屈原的《九章·怀沙》："煦兮杳杳，孔静幽默。"这里的幽默释义是安静，与现代含义相去甚远。现在意义的"幽默"是外来词语，由英文"humor"音译而来的。第一个将英文单词"humor"译成中文的是王国维，翻译为"欧穆亚"，此后"humor"出现多种译法，有翻译成"语妙""油滑""谐稽"等。作家林语堂先生把"humor"译为"幽默"，最终普及开来。

（一）儒家有幽默吗

儒家倡导等级秩序。齐景公问政于孔子，孔子对曰："君君、臣臣、父父、子子。"公曰："善哉！信如君不君，臣不臣，父不父，子不子，虽有粟，吾得而食诸？"（《论语·颜渊》）孔子要求君臣父子各自按照应有之道去做，都要符合角色要求和规范。后来汉儒董仲舒借着"君君、臣臣、父父、子子"的观念，提出"三纲五常"，促使汉武帝独尊儒术，并成为延续几千年的封建社会的道德伦理规范。所以很多人认为儒家没有给幽默提供生存的空间，对幽默的态度比较消极。鲁迅也认为中国没有幽默生存的土壤与基因，大概也基于儒家的文化渊源。

但事实真的如此吗？

孔子自然是幽默的。《论语》一书有很多的幽默语，孔子周游列国，不如意事，十居八九，总能安详自适。举几个小场景为例。

一是面对门人的怨言，孔子独弦歌不衰，他三次问门人："我们一班人，不三不四，非牛非虎，流落到这田地，为什么呢？"

二是孔子与门人相失于路上。子贡寻找老师，当地人说孔子像一条"丧家犬"。孔子笑言："别的我不知道。至于像一条丧家狗，倒有点像。"

三是孔子说："我总应该找个差事做。我岂能像一个墙上葫芦，挂着不吃饭？"有一天他说："沽之哉，沽之哉，我待贾者也。"估个价吧，估个价吧，我等着有人来买我啊。意思是希望有贤君能起用他。

可见孔子是幽默的，他的幽默来自生活，入情入理。

（二）道家的幽默

与儒家对幽默的看法不同，道家则是提倡幽默的。林语堂先生曾讲，道家的两位创始人老子和庄子是中国最大的幽默家。老子的"圣人不死，大盗不止"、庄子的"窃钩者诛，窃国者侯"都是典型的黑色幽默。道家崇尚"无知、无为、无欲"，这是产生幽默的思想土壤。道家的幽默不是滑稽，它既让人微笑，又发人深思。

幽默可以通过学习获得。

幽默是一种人生态度，也是一种生活技巧。拥有幽默智慧的人通常更加乐观、积极向上。幽默不是天生的，是可以通过后天学习养成的。曾任美国总统的里根为了使自己讲话更有感染力，曾熟读500个笑话，在不经意间表露出十足的幽默感，被誉为行走的段子手。侯宝林、郭德纲等都是学习训练得来的幽默。头脑灵活、思想多元、注意累积等都可以帮助你培养幽默感。

第三章
释放愤怒情绪

第三章　释放愤怒情绪

愤怒，指当愿望不能实现或为达到目的的行动受到挫折时引起的一种紧张而不愉快的情绪，也存在于对社会现象及他人遭遇甚至与自己无关事项的极度反感。

愤怒是一种很常见的负面情绪，每个人都会有这样的情绪体验，哪怕是圣人也不例外。孔子是大圣人，阅人无数，但也会遇上一些让他极度不满的事情，从而心生怒火，气愤难耐，斥责咒骂。说几个孔子因愤怒而骂人的小故事。

小故事之一：始作俑者，其无后乎

商朝时期流行真人殉葬，周朝灭商朝后明确禁止用真人殉葬，以草人代替活人。后诸侯国渐行奢华厚葬风气，开始以如同真人一般的精致俑人殉葬，孔子认为俑人殉葬不符合"仁道"，不尊重人命，非常愤怒，大骂开始用俑殉葬的人，"始作俑者，其无后乎"（《孟子·梁惠王上》）。意思是第一个带动恶劣风气的人，应该让他断子绝孙。

小故事之二：朽木不可雕也，粪土之墙不可圬也

宰予昼寝。子曰："朽木不可雕也，粪土之墙不可圬也！于予与何诛？"（《论语·公冶长第五》）。孔子看到宰予在大白天睡懒觉不学习，气就不打一处来，破口大骂："朽木不可雕也，粪土之墙不可圬（wū，抹灰）也。"意思是腐烂的木头无法雕琢，用粪土垒砌的墙面不值得粉饰。

小故事之三：幼而不孙弟，长而无述焉，老而不死，是为贼

原壤是孔子的老友，一生浑浑噩噩、无所建树。某天，孔子带着一帮学生回家，到了门口，看见原壤叉开双腿坐在地上等他。孔子恨铁不成钢，开骂："幼而不孙弟，长而无述焉，老而不死，是为贼。"以杖

叩其胫。(《论语·宪问》)意思就是你这个人，小的时候不守孝悌，长大了一事无成，老了还不死，真是个害人精啊！举起拐杖，打他的腿。

小故事之四：非吾徒也，小子鸣鼓而攻之可也

季氏比周朝的卿士还要富有，而冉求为了奉承上司，用田赋改革的名义，帮助季氏聚敛钱财。孔子得知冉求的做法后，开口大骂："非吾徒也，小子鸣鼓而攻之可也。"(《论语·先进篇》)意思是："这小子不再是我的徒弟，大伙儿不用客气，大张旗鼓地声讨他吧！"可见孔圣人当时有多么愤怒。

小故事之五：是可忍也，孰不可忍也

按周礼规定，只有天子才能用八佾（yì，古时乐舞的行列，八人一行为一佾），诸侯用六佾，卿大夫用四佾，士用二佾。季氏是正卿，只能用四佾，他却用八佾。孔子对于这种破坏周礼等级的僭越行为极为不满，怒斥道："是可忍也，孰不可忍也。"(《论语·八佾篇》)面对季家的野心，不把天子放在眼里，对王权藐视挑战，孔子愤怒至极。如果这件事都能容忍，还有什么事情不能容忍呢？

可见，孔圣人一旦被激怒，也会大发雷霆，骂人的话既狠又到位，愤怒的情绪体验人人皆有。

―

第一节　中华优秀传统文化中关于愤怒情绪的管理智慧

某些愤怒情绪的唤醒，放置于中国特有的语境来看，与传统文化是分不开的。从文化的角度溯源，可以从两点来分析。

先看孔子论父母之仇。

《礼记》中有子夏问于孔子曰:"居父母之仇,如之何?"夫子曰:"寝苦枕干,不仕,弗与共天下也;遇诸市朝,不反兵而斗。"意思是子夏问孔子:"对于父母的仇人,应该怎么办?"孔子说:"卧草而睡,枕盾而眠,不去当官,绝不跟仇人同活于世。在市集遇到仇人,不用回家拿兵刃,马上就和他拼命!"

面对父母受辱,孔圣人尚且无法做到无动于衷,更何况我们普通人,拿起武器反抗,和对方殊死搏斗,这才是绝大部分中国人朴素的价值观。

《宝庆四明志》记载了董黯孝母的故事。

汉代有个出名的孝子叫董黯,是董仲舒的六世孙。有一年,董黯的母亲生了病,特别想喝大隐溪的溪水。但大隐溪在城西10余里处,无法每天去汲取。董黯为了满足母亲的愿望,就在大隐溪旁建了一所房子,把母亲安顿在那里,天天打溪水给母亲喝。在他的精心护理下,母亲的病不久就痊愈了。

董黯有个邻居叫王寄,王母见了这情景,就常拿董黯孝母的例子来责备王寄,引起了王寄的嫉恨。一天,王寄趁董黯不在家,竟闯进董家,凶残地侮辱了董黯的老母,董黯对此愤怒至极。不久,母亲含恨亡故,董黯悲愤交加,就伺机杀了仇人,用以祭奠亡魂。杀了王寄后,董黯就去官府自首。汉和帝了解了他的杀人缘由,出乎意料地下诏"释其罪,且旌异行,召拜郎官"。董黯虽没有应召去做官,但他的孝行却从此传遍了全国。

再说"可杀而不可辱"。

《礼记·儒行》有云:"儒有可亲而不可劫也,可近而不可迫也,可杀而不可辱也。其居处不淫,其饮食不溽(rù,味浓)。其过失可微辨而不可面数也。其刚毅有如此者。"意思是对于儒生可以与他亲密相处，但不可威胁他；可以接近他，但不可逼迫他；可以杀害他，但不可以侮辱他。他的住所不讲究奢侈，吃喝不追求美味，有了过错可以委婉地批评，但不可以当面指责。这就是儒生的刚毅。

可见，中国人某些愤怒情绪的唤醒，需要放置在中国特有的语境来看，这与中国传统文化是分不开的。中华民族几千年的传统文化早已成为中国人的血脉，成为个体内在的态度认知，这种态度认知主导着国人行为的产生。同时，当这些态度认知具有显著的道德意义时，一旦外界的刺激源与之产生明显的冲突，就会导致愤怒情绪的唤醒。

引发愤怒通常表现为两种情况。

一是自身受到外部刺激或由于内部心理记忆的唤醒而引发愤怒，人自身处于愤怒之中。《论语·颜渊》记载，子曰："一朝之忿，忘其身，以及其亲，非惑与？"人因为一时的气愤，怒目圆睁，就连自己是谁、亲人是谁，都忘到脑后，让自己处于看不清自己的状态，一心发泄自己的怒气，全然不计后果。《资治通鉴·汉纪》："争恨小故，不忍愤怒者，谓之忿兵，兵忿者败。"意思是为了一点细小的事，争气斗狠，不忍心中的愤怒而起兵的，叫作忿兵。战争中的忿兵处在愤怒之中，不会做冷静判断，会遭致战败的结果。这里的"一朝之忿、争恨小故"就是外部刺激或内部心理记忆的唤醒，因而引发愤怒，使自身处于看不清自己的状态。人一旦被愤怒所驱使，就会失去理智的判断，给个人和组织带来巨大的损害。

二是自身的行为成为他人的刺激源，引发他人或众人的愤怒。《资治通鉴·魏纪》：魏景元四年，察战官邓荀到达交阯郡后，擅自调动孔雀三千头送往建业。百姓苦于远役，民心愤怒，于是诞生起义的念头。吕兴纠合豪杰、招诱外族，起兵杀死邓荀。同样，明方孝孺《与友人论井田书》记载："且王莽之乱，非为井田也，欺汉家之老母而夺其玺，称制於海内，海内之人愤怒，思剖其心而食之，故因变奋起。"有的人沉浸在自己的世界里，说话办事不考虑众人的感受，因为个人行为，引发他人或众人的愤怒，后果更为可怕。

一、孔子"无可无不可"的释怒之道

《论语·微子》有言："子曰：'不降其志，不辱其身，伯夷、叔齐与？'谓'柳下惠、少连，降志辱身矣，言中伦，行中虑，其斯而已矣'。谓'虞仲、夷逸，隐居放言，身中清，废中权。我则异于是，无可无不可'"。在这里，孔子列举了隐逸不仕的几个人，并把他们分为三个档次：第一类是伯夷、叔齐，其品质特点是"不降其志，不辱其身"；第二类是柳下惠、少连，其品质特点是"降志辱身矣，言中伦，行中虑"；第三类是虞仲、夷逸，其品质特点是"隐居放言，身中清，废中权"。说到他自己时："我则异于是，无可无不可"。也就是说，孔子把自己定性为"无可无不可"的人。什么叫"无可无不可"呢？就是时代不需要我的时候，我也可以做隐士；当时代需要我的时候，我也可以出来做事，而且绝对地负起责任。孔子强调要以实际情况灵活应变，不偏激。可见，儒家的人生态度很坦然，在符合道义的前提下，"无可无不可"是生命的智慧，也是做人的格局。

这样坦然的人生态度，决定了人的格局，格局是最好的释怒之道。

赤壁之战，曹操一败涂地，他没有迁怒部下，反而放声大笑，发泄自己的愁闷，军心得到稳定。认知度越高的人，格局就越高，越懂得控制自己的怒气。官渡之战后，曹操清点袁绍遗落的书信时，发现自己部下许多人私底下与袁绍交结，曹操心中气愤，但没有暴跳如雷，反而平静地让手下把这些信件当众烧毁。他清楚自己心中的目标，此时发怒，会人人自危，把这些信件烧掉，会安定人心。曹操之所以能成就一番霸业，关键在于他的格局。

很多人觉得自己的脾气就那样，真性情，没办法控制，其实还是自己的认知度不高，格局不够。因为控制愤怒是自己做决定，不需要他人，很多人没有输给对手，只是输给了失控的自己。

如何做到以格局制怒？

一是"克己"。

"克己"是孔子倡导的一种道德修养方法，就是要约束自己的言行，使之合乎"礼"的规范，以达到最高的伦理道德境界"仁"。同时，孔子还把"克己"作为"复礼"的条件，提出"克己复礼"的观点。《论语·颜渊》有言："克己复礼为仁，一日克己复礼，天下归仁焉。"《左传·昭公十三年》有言："仲尼曰：'古也有志，克己复礼，仁也。信善哉，楚灵王若能如是，岂其辱于乾谿？'"

从一定意义上说，"克己"就是要"忍"。

这个"忍"是在"止于至善"这个最高目标的引领下，在"礼"这个规范的前提下进行的。"忍乃胸中博闳之器局，为仁者事也，唯宽、恕二字能行之。"（《忍经》）可见，"忍"是使人胸怀博大的方法，是仁善之人所行之事，只有用宽容、宽恕才能体现，忍不是被动接受，而是一种积极的选择。

不"忍"会有哪些危害？

《论语·卫灵公》中有"小不忍，则乱大谋"。孔子告诫子路："柔必胜刚，弱必胜强，好斗必伤，好勇必亡。百行之本，忍之为上。"当我们的利益或尊严被践踏，就会愤怒。如果争强斗狠，其结果就是"忿而争斗损其身，忿而争讼损其财。"（《忍经》）"一朝之忿可以亡身及亲，锥刀之利可以破家荡业。"（《忍经》中彭令君言）

心上插着刀尖叫"忍",如何做到心上插着刀尖还"犯而不校"(《论语·泰伯》),这是很难的,这就需要大格局,这是大智慧。

小故事:韩信忍受胯下之辱

韩信很小的时候就失去了父母,主要靠钓鱼换钱维持生活,经常受一位漂洗丝绵老妇人的施舍,屡屡遭到周围人的歧视和冷遇。《史记·淮阴侯列传》:"淮阴屠中少年有侮信者,曰:'若虽长大,好带刀剑,中情怯耳。'众辱之曰:'信能死,刺我;不能死,出我袴下。'于是信孰视之,俛出袴下,蒲伏。一市人皆笑信,以为怯。"

有一个屠夫对韩信说:"你虽然长得又高又大,喜欢带刀佩剑,其实你胆子小得很。有本事的话,你敢用你的佩剑来刺我吗?如果不敢,就从我的裤裆下钻过去。"韩信自知形只影单,硬拼肯定吃亏。于是,他当着许多围观人的面,从那个屠夫的裤裆下钻了过去。韩信为什么忍受胯下之辱,因为他有远大志向,没有逞匹夫之勇,忍小而谋大。

二是不迁怒。

据《论语·雍也》记载,哀公问:"弟子孰为好学?"孔子对曰:"有颜回者好学,不迁怒,不贰过。"在孔子众多的弟子中,颜回是他最喜欢的学生,似乎没有之一。在孔子的心目中,颜回的优点很多,其中"不迁怒,不贰过"是孔夫子认为常人难以做到的。孔子认为一个人如果三个月内能做到"不迁怒,不贰过",便可称为是"仁",以此为君子的道德标准之一。

何为"不迁怒"?

朱熹在《论语集注》中对"不迁怒"的解释是,怒与甲者不移于乙,就是不将自己之怒迁于他人,不将今日之怒迁于明日。有的企业老总在家和老婆吵架,回到企业拿员工撒气;有人在职场受气,回家拿老婆孩子撒气,这都是迁怒于人。

如何能够做到"不迁怒"？

王安石在《礼乐论》中说："不迁怒者，求诸己。"要时常反躬自省，从自身的角度寻找原因，保持理性，超越自我的狭隘和固有认知。一方面，要让心归于平静，静能生慧。《呻吟语》中说："天地万物之理，出于静，入于静。"《大学》中有"知止而后有定，定而后能静，静而后能安，安而后能虑，虑而后能得"。另一方面，要让心归于理性。不迁怒并不等于没有怒，"怒"是人类正常的情感，人生不如意事十之八九，关键是不能失去理智，发乎情而止于礼。

小故事：张飞之死谁之过？

《三国演义》中张飞原是涿郡屠夫，以杀猪卖酒为业。早年与刘备、关羽桃园结义，因年纪最小而排行第三。他性如烈火，疾恶如仇，曾怒鞭督邮，并一度拔剑欲刺董卓。于长坂坡当阳桥头一声吼，吓退曹操八十三万大军。入川时一路凯歌，义释严颜，将其收降，直捣成都。入川后率精兵击败张郃（hé）军。刘备称汉中王后，拜其为右将军，封五虎上将。刘备称帝后，拜其为车骑将军，封西乡侯。

张飞之死要从关羽大意失荆州说起。关羽因为骄傲自满，以为东吴惧怕自己不敢来取荆州，大意出兵曹操。却不料东吴与曹操早就达成协议，在关羽出兵后方空虚之时，东吴夺下荆州，导致关羽腹背受敌。有几次曹操可以杀死关羽，却故意放他撤往东吴，最终关羽被东吴砍头。

张飞听说了二哥关羽的死讯，怒不可遏、暴跳如雷，令军中三日内置办白旗白甲，挂孝伐吴，为兄报仇。负责此事的范疆、张达跑遍周围的店铺，发现在三日内难以筹办足够的白旗白甲，报告张飞说三日之内难以交令，须宽限些时日方可。张飞大怒曰："吾急欲报仇，恨不明日便到逆贼之境，汝安敢违我将令！"当即叱令武士把这两人缚于树上，各打五十，严令"来日俱要完备，若违了限，即杀了汝二人示众"。兔子急了也会咬人了，范疆、张达两人决定夜杀张飞。当天晚上范疆趁张飞熟睡之际，砍下了张飞的头颅，两人"持其首级，顺流而奔孙权"。

张飞一生征战，罕逢对手，却因不能控制自己的愤怒情绪，迁怒于部下，引祸上身，身首异处。因一时愤怒导致的后果，常常是追悔莫及的。

二、老子"不与人争"的释怒之道

道家认为"道"是天地万物的根源和创造者，主张清静无为，反对斗争。《老子·第六十八章》讲，"善为士者不武，善战者不怒，善胜敌者不与，善用人者为之下。是谓不争之德，是谓用人之力，是谓配天，古之极也。"意思是善于带兵打仗的将帅，不逞其勇武；善于打仗的人，不轻易被激怒；善于胜敌的人，不与敌人正面冲突；善于用人的人，对人表示谦下。这叫作不与人争的品德，这叫作运用别人的能力，这叫作符合自然的道理。任何时候，都不要轻易发怒，保持沉着冷静，才可以思路清晰。情绪化的人，最容易做出错误的判断。道家不与人争的释怒之道，表现在以下几个方面。

一是以柔克刚。

《老子·第八章》讲"上善若水"，因为"天下莫柔弱于水，而攻坚强者莫之能胜"。"水性为柔，却可攻坚，金石利刃遇水而必沉，且使其逐渐腐锈而变质。坚易折，柔恒存；壮则老，满必亏。柔之胜刚，弱之胜强，天下莫不知，莫能行"。《老子·第二十八章》讲："知其雄，守其雌，为天下溪。"深知什么是雄强，却安守雌柔的地位，甘愿做天下的溪涧。但在行动上，行"雌柔"之道，才能像河流一样，畅行天下。道家的以柔克刚的思想，世人皆知，但能做到者，却微乎其微。

二是养生释怒之道。

天道贵生，是道教最为推崇的思想，所以玄门中人，非常注重养生之道。在道教长期发展中，也积累了丰富的养生经验。养生之道，不仅仅要注意外在的风、湿、寒、暑、燥、热，更要警惕内在的喜、怒、忧、思、悲、恐、惊。外部的因素会打破身体的阴阳平衡，内在的因素会损害一个人的气血。豁达宽容情绪稳定之人，气就不会郁滞，气不郁滞，血就通畅，就会远离内邪。所以，心宽一寸，病退一丈。

道家强调"三圆"。即节欲者精圆，少言者气圆，息虑者神圆。

所谓"节欲"，包括节制口舌之欲、名利之欲和两性之欲。人一旦这些欲望过度，就成了引发愤怒的土壤。要想疾病少，节欲养精要做好。

少言者气圆，有些人容易多话，尤其发怒时的咒骂之语，脏话连篇疯狂输出。道家讲"开口神气散"，话多不利于养气，该言则言，可言可不言则不言，尤其是咒骂之语，更不要输出。

息虑者神圆，有些人天天想入非非，心神不宁，思虑重烦恼就重，看什么都不顺眼，抱怨多怒气大，导致元气耗散，影响生活质量。

三、郑板桥"难得糊涂"的释怒之道

郑板桥（1693—1766），原名郑燮，号板桥，人称板桥先生，江苏兴化人，清代书画家、文学家。

据说，"难得糊涂"四个字是在山东莱州云峰山上写的。有一年郑板桥去云峰山观郑文公碑，流连忘返，天黑了，不得已借宿于山间茅屋。屋主为一儒雅老翁，自命"糊涂老人"，出语不俗。他的室中陈列了一块方桌般大小的砚台，石质细腻，镂刻精良，郑板桥十分赞赏。老人请郑板桥题字以便刻于砚背。板桥认为老人必有来历，便题写了"难

得糊涂"四字，用了"康熙秀才雍正举人乾隆进士"的方印。因砚台背上尚有许多空白，板桥说老先生应该写一段跋语。老人便写了"得美石难，得顽石尤难，由美石而转入顽石更难。美于中，顽于外，藏野人之庐，不入宝贵之门也。"他用了一块方印，印上的字是"院试第一，乡试第二，殿试第三"。板桥一看大惊，知道老人是一位隐退的官员。有感于"糊涂老人"的命名，见砚背上还有空隙，便也补写了一段话："聪明难，糊涂尤难，由聪明而转入糊涂更难。放一著，退一步，当下安心，非图后来福报也。"至此，"难得糊涂"便流传开来。郑板桥每当怒气来时，便铺好宣纸，提笔画竹写字，以抑怒气。晚年因得罪豪绅而被罢官后，画竹与书法更成为他自娱自乐、排怒解愁的养生之道。

南宋诗人陆游一生坎坷，却活到耄耋之年。他平时爱种花、赏花。每当心有怒火，就去赏花，"放翁年来百事惰，惟见梅花愁欲破。"

清代戏曲理论家李渔曾说："予生无他癖，惟好著书。忧藉以消，怒藉以释，牢骚不平之气藉以铲除。"

可见，被压抑的愤怒也可以通过寄情于山水及艺术升华的方式来排解。

四、中医疏肝理气的释怒之道

在中医学中，怒乃"七情"之一，而且是"七情"中最为强烈有害于身心健康的一种不良情绪。中医认为"愤"与"怒"是分开的，生气后发泄出来的心理状态称为"愤"，生气后压抑不发泄出来的心理状态称为"怒"。《黄帝内经》中提到"怒伤肝"，并未说"愤伤肝"。所以，中医建议的不要生气，其实是建议不要因外界刺激而引发情绪，但如果触发了愤怒情绪，就需要合理释放出来。怒，即过度地压抑情绪，是不好的；愤，即合理地宣泄情绪，是正面的方法。这是中医的传统辩证解释，当然今天"愤"与"怒"是一个意思。

"怒"这种有害情绪是多种疾病的重要诱因。中国传统医学有四大经典著作《黄帝内经》《难经》《伤寒杂病论》《神农本草经》，四大经典著作都有对怒伤身的记载，其中《黄帝内经》记载最为丰富。《黄帝内经》分《灵枢》《素问》两部分，是中国最早的医学典籍。《素问·本病论》中指出"怒伤肝""人或恚怒，气逆上而不下，即伤肝也。"《素问·举痛论》说："百病生于气也，怒则气上""怒则气逆，甚则呕血。"《素问·生气通天论》说："大怒则形气绝，而血菀于上，使人薄厥。"《灵枢·邪气藏府病形》说："若有所大怒，气上而不下，积于胁下，则伤肝。"除此之外，陈念祖的《医医偶录》亦有记载："怒气泄，则肝血必大伤；怒气郁，则肝血又暗损。怒者血之贼也。"

中医认为脾气暴躁易怒通常与肝气郁结有关，所以中医一般采用疏肝理气的中药来调理。

你的每一次生气，对身体来说都是一次地震，在瞬间对身体产生巨大影响和不可逆的损伤。以此论，在古代出现"气死金兀术""气死周瑜"的事件也就不足为怪了。中华优秀传统文化经过几千年发展，积累了丰富的制怒养生之道。

第二节　现实启示

愤怒在人的成长过程中出现较早，出生3个月的婴儿就有愤怒的表现，限制婴儿探索外界环境能引起愤怒。

从生理角度来看，愤怒是一种自我保护的本能反应。当人感到被侵犯时，身体会释放出应激激素，如肾上腺素和皮质醇，这些激素会导致心率加速、呼吸加深及血压升高。这些生理变化会进一步激发人的情绪，让人激动，一旦激动到临界点就表现出愤怒。

从心理角度来看，在生活中人们会预测行为和结果。如果自己不能控制局面，结果出乎意料，人们就会感到"不安"或"恐慌"。对于"不安"或"恐慌"的防卫反应就是发怒。比如，家人乱扔脏衣服，你理想中的状态是家人应该维持家里的卫生，主动干家务，但现实是他不但不帮忙，反而一次又一次乱扔脏衣服。于是，你开始陷入一种烦躁不安的状态。最后随着不满情绪的不断升级，终于演变为愤怒的状态："如果你再乱扔脏衣服，就给我滚出去！"也就是说，当事情没有按自己心里预想的那样发展时，人们容易产生愤怒情绪。

当我们把愤怒情绪发泄在家人、客户、同事的身上，会给自己、他人及组织带来破坏性损失。所以我们一定要小心地处理自己的情绪，绝不做情绪的"奴隶"。

一、愤怒的背后一定有未被满足的需要

如果你想制怒，首先要搞清楚自己未被满足的需要是什么。

我们知道，在所有愤怒的背后，都有未被满足的需要，发怒并不能让我们的需要得到满足。当愤怒发生时，首先要意识到自己有一个需要没有得到满足，然后想想办法，尝试让这个需要得到满足，也就是说要把更多的注意力放到如何才能满足我们的需要层面上。其实，真正意识到自己的需要也是很难的，因为很多人不知道自己未被满足的需要是什么，没有办法提出具体的要求。通常的错误认知就是愤怒往往驱使着我们把能量用于抱怨他人，甚至惩罚他人，而非满足自己的需要。有的人意识到自己的需要，但不能很好地表达出来，如表3-1所示。清晰表达自己的具体需求是一项技能，需要经过长期的学习训练才能掌握。训练

我们的思维模式，从"我生气，是因为他们……"转变为"我生气，是因为我需要……"，表达自己的感受，提出具体的需求，需求越具体越好，这是我们要学习的，如表 3-2 所示。

表 3-1　愤怒的错误清单

错误项	符号
怒目圆睁、仇视的目光	×
咒骂、羞辱、嘲讽对方	×
打断对方的话，言辞激烈，大喊大叫	×
揭对方的短，指责对方"你总是""你从未"	×
迁怒对方的亲人	×
说情绪失控的话，如"这事以后我不管了""我不在乎""那又怎样"等	×

表 3-2　平息愤怒的正确清单

正确项	符号
清楚自己未被满足的需要是什么	√
平静地告诉对方你的感受	√
一次只解决一个需要，不涉及多个需要	√
不迁怒第三方	√
好好说话，关注你的需要，而不是谁输谁赢	√
通过呼吸，调整愤怒，保持放松	√
意见无法统一时，暂时搁置	√

二、识别阵发性暴怒症

阵发性暴怒症是一种心理疾病，患者会因为一些触发因素而出现持续的暴怒和攻击行为。在日常生活中，我们可能遇到情绪激动及情绪失控的人，这些人可能患有阵发性暴怒症，这是一种轻微的精神障碍。

网上有过这样一个案例，一个上初三的男孩，平时性格温和，从不和外人发脾气，但从上初中开始，经常在家里写作业时发呆。家长看他不写作业，就批评催促。初一时这个男孩是每周偶尔出现这种情况，在父母严厉的态度下能够停止发呆继续写作业。但到了初二，他学习时这种发呆的持续时间更长了，导致作业写到半夜也写不完。父母很着急，有一次打了孩子一顿，一向听话的儿子突然大声吼叫，"我也控制不了呀""我停不下来"。父母被孩子的吼叫吓了一跳，孩子从来没出现过发这么大脾气的情况，以为是闹青春期，就没太理会。后来上了初三，孩子突然不想上学了，说作业写不完，上学没意思，想在家学习。父母不允许，唠叨催促孩子去上学，催促多了，孩子突然从椅子上蹦起来，把自己房间里的物品又打又砸，持续五分钟停止。平静之后孩子还向父母道歉，说自己不好，没控制住，还帮父母做家务。这样突然发怒打砸物品的事情发生好几次过后，父母才意识到孩子可能是生病了，此时的孩子已经患上了阵发性暴怒症。

阵发性暴怒症是由多种因素共同作用造成的，如心理因素、遗传因素等。遇到这种情况，要理性应对，向专业人员寻求帮助，而不是对患者进行攻击和指责。同时确保自己的安全，尽量避免与患者对抗，可以采取逃跑、求助等方式进行处理。

有一种症状是阵发型暴怒障碍的典型表现——路怒症。

医学界把"路怒症"归类为阵发型暴怒障碍，"路怒"是形容在驾驶情况下，开车压力与挫折所导致的愤怒情绪，多重怒火爆发，其猛烈程度令人恐惧，发作者会袭击他人的汽车，有时无辜的同车乘客也会遭殃。路怒症发作的人会口出威胁、动粗甚至毁损他人财物，也就是发动攻击性驾驶。相当多的司机都有过这类举动，但并非每个人都明白这是一种病态。

公安部门表示，因为路怒症引发的交通事故非常普遍，经常造成法律后果，轻则可判处寻衅滋事罪，重则可判处危险驾驶罪。

在驾驶人员素质与公共交通等外界因素无法有效改变的情况下，防止"路怒症"最切实的做法是做好自我调节，让心情"慢下来"。

一旦出现阵发性暴怒症，如何处理？

我们可以尝试采用"呼吸训练调节法"。

当你被惹怒了，情绪发生变化，可以通过深呼吸进行调整。先按照自己的节奏，把呼吸变慢，用鼻子慢慢吸气，把"平静"吸进来，用嘴巴慢慢呼气，把"怒念"呼出去。刚开始的时候要学会控制好自己的呼吸，把呼吸变慢，然后有意识地体会自己的呼吸，心跟着呼吸走，就会渐渐地放松下来。要静心最简单最快的方法就是观呼吸，因为呼吸跟念头是相关联的，我们的意识一紧张，呼吸就会变粗重。观呼吸的时候，当你的呼吸越来越微细，好像是在半停半息的样子，你的意识自然就会越来越平和，你不需要去做什么，感受那个呼吸就可以了，你的心慢慢就平静了。呼吸训练法能够帮助你迅速调整状态，将平静带到生活当中。很多的冥想训练都是从调整呼吸开始的。

三、咒骂只会让问题变得更糟糕

骂人这件事似乎无师自通，12个月大的婴儿就会骂人，究其根本是耳濡目染，婴儿期可能只会一两个骂人的词，随着年龄增长，数量会慢慢增多，骂起人来也会更有攻击性。

面对愤怒应激源，咒骂是一种可行的宣泄方式吗？

愤怒应激源是指那些能够引起个体愤怒的刺激，可能是客观变化的环境事件，也可能是一个场景或对方的一句话，一切环境变化都是潜在的应激源。《世说新语》载，蓝田侯王述性至躁，一次吃蛋时筷子未夹住,便暴跳如雷,把蛋甩于地,用脚踩得粉碎。可见,筷子没夹住蛋,也变成了愤怒应激源。

有研究表明,面对愤怒应激源,并非所有的咒骂都会增强情绪,至少部分咒骂进行时会减弱情绪,能对愤怒情绪产生抑制作用,而且可增加忍受痛苦的能力。虽然咒骂对愤怒情绪的宣泄有益处,但由于使用的语言粗鄙、不文明,因而"咒骂"得不到文明的允许,也是不提倡的。

很多人都见识过这样的场景:因为丈夫犯了一点小错,可能是手机掉到地上摔碎了屏幕、可能是丢了钥匙、可能是新衣服滴上了油渍、可能是没及时刷碗等,妻子对丈夫开骂,骂丈夫笨,什么也干不了,赚钱只有一点点,破坏起东西来一个顶俩。丈夫气不过开始对骂,骂妻子像泼妇,一天叽叽喳喳,烦死了,这日子一天也过不下去了。孩子默默地看着这一切,一句话也没说,关上自己房间的门,想把父母的吵闹声关在房门外。

这里有两个问题。一是尽管咒骂可以减弱这对夫妇的愤怒情绪,但他们的语言粗俗不堪,对孩子的不良影响是无法估量的。二是愤怒应激源本身不是问题,如何去看待应激源才是问题。手机摔地上等只是一个应激源,如果妻子意识到这些只是生活中的小事,既然已经发生也就无法改变,不能因为小事影响家人的心情,就会主动安慰丈夫:"不要紧,下次小心点就好了。"丈夫会感到很内疚,下次不敢再犯了。可见,妻子正确地面对应激源,就不会让家人心情糟糕,给孩子带来伤害。

从心理学的角度来看,咒骂别人的人通常是具有攻击性、敌对性和不成熟的人。这些人不了解解决问题的健康方式和机制,缺少沟通技能,只能通过咒骂来释放负面情绪。上面故事中的妻子就属于这类人。

有的人可能会解释说:"我骂他是为他好。"如果你真的是为他好,那就应该先想想有没有让他信服的能力和智慧,现在的时机是否合适,你们之间有没有这个缘分等。如果这些都没有的话,你不仅不能改变他，反而会激怒他，会增加他的嗔恨，让他产生无尽的烦恼，你的罪过就更大。

四、嫉羡会让人产生偏执

嫉妒是对才能、名誉、地位或境遇超过自己的人心怀不满。研究发现，适度的嫉妒有利于维持关系中的激情，使关系不至于过早流于平淡。也就是说，合理适当的嫉妒，也有一定的积极影响。嫉妒是人类的本能，人人都有。

《酉阳杂俎》记载过这样一件事情。皇甫轸（zhěn）是唐代洛阳人，善画鬼神及雕鹳（guàn），形势若脱。明皇时宣阳坊净域寺三揩（jiē）院门里南壁有其画，与吴道子同时。吴以其艺逼己，募人杀之。

意思是唐代著名丹青高手皇甫轸，擅长画鬼神及雕、鹏等鸟类，作品栩栩如生。吴道子见了，暗中招募杀手杀害了皇甫轸。威胁排除了，吴道子可以在画坛独霸一方了。然而，他却因此留下了"魔鬼画家嫉杀同行"的千古罪名。

小故事：卓别林的嫉妒心

有一次喜剧大师卓别林的女婿去看望他，女婿喜欢当时以"冷面笑匠"著称的默片导演巴斯特·基顿，但对卓别林的电影没那么热衷。当女婿赞美巴斯特·基顿时，卓别林蜷缩起身子，仿佛被人捅了一刀，愤怒地对女婿说："我才是艺术家！"可见，即便是大师，也有嫉妒之心。

近距离、相近性更易产生嫉妒。

嫉妒的一个鲜明特点是具有明确的指向性。在通常情况下，嫉妒往往发生于同学、同性、同龄、同行中，即嫉妒来源于相互熟悉的人，有利害关系的人，或者有共同目标的人。比如李斯嫉妒韩非子而不是秦王，周瑜嫉妒诸葛亮而不嫉妒刘备，爱迪生嫉妒特斯拉而不嫉妒本杰明·哈里森，因为属于不同的竞争赛道。我们这些普通人不会去嫉妒屠呦呦、莫言及巩俐，因为距离太远。所以，背后捅刀的大部分是身边的人，一起做生意的兄弟反目、闺蜜之间的挖墙脚、亲戚之间言语上的相互攀比和碾压等。

什么样的嫉妒是有害的呢？

心理学有个名词叫嫉羡。嫉羡是一种愤怒的感觉：另一个人拥有、享受此人所欲求的某些东西，嫉羡的冲动就是要去夺走它或毁坏它。嫉羡是二元关系，是一种非此即彼的状态，要么拥有要么毁灭。如果一样东西我没有得到，那就想方设法毁掉它，让别人也别想得到。容易嫉羡的人，喜欢用打压、贬低、损毁的手段，来获得内心的满足感。嫉羡强度比嫉妒高，情感发展水平比嫉妒更低级，破坏性也更大。

团队成员中如果有嫉羡心理是非常有害的，会影响优秀人才脱颖而出。可能他希望你好，但肯定不希望你比他好，阻碍你晋升的往往是你最好的同事，看着你变好，他会产生巨大的心理落差。有时人性就表现出很自私的一面，根本无法克制，这提示我们，要在默默努力中达成目标，切忌直接对抗某些人自私的本性。

有一个来源于《东周列国志》的历史故事。孙膑和庞涓是同门师兄弟，同时师从鬼谷子学习兵法，二人建立了深厚的友情。庞涓建立功勋后，向魏惠王举荐孙膑，魏惠王很高兴地派人请来孙膑，共议国事。孙膑的才华处处显露，遭到了庞涓嫉羡，于是安排了一条陷害孙膑的诡计。庞涓在魏惠王面前诬陷孙膑私通齐国谋反。魏惠王大怒要杀孙膑，庞涓又假意讲情，结果孙膑被治罪，遭受膑刑，被剜掉了双腿的膝盖骨，成了残疾。然而，孙膑并未因此丧失志向，反而在狱中写就了《孙膑兵法》。后来，齐国使者将孙膑救回齐国，孙膑得到了重用，担任了齐国军队的将领。此时，庞涓率领魏国军队进攻韩国，韩昭侯求救于齐国，齐国以孙膑为军师率军抵抗。孙膑深知自己与庞涓之间的恩怨，决定亲自率领齐国军队迎战。他利用庞涓的骄傲和自负，设计了一场诱敌伏击战。他命齐国军队在庞涓军队的必经之路上埋设做饭的灶，逐日减少，造成齐军怯懦逃跑的假象。庞涓中计，只带精锐骑兵追击至马陵道。孙膑已在此埋伏下万名弓弩手，并引诱庞涓在黑夜中点火，使魏军成为靶子，最终庞涓的部队陷入伏击而兵败。

庞涓就是典型的"希望你好，但别比我好"状态。心理学中还有这样一种"戴维现象"。美国化学家戴维发现了订书匠法拉第在化学上的潜能，并将其精心培育成才，使法拉第声名大振，但当法拉第名声威望超越戴维时，戴维就开始处处打压、贬低法拉第。

小故事：爱迪生与特斯拉

1856年，特斯拉出生在克罗地亚，因出身卑微，未受过大学教育，24岁还没找到工作。直到1882年，他成为一家电话公司的工程师，设计出了第一台感应电机模型。雇主为了让他有更好的发展，便推荐他去了通用电气公司。当时爱迪生是通用电气公司的CEO，于是特斯拉见到了伟大的发明家爱迪生。

特斯拉在通用电气公司得到了锻炼，并且名声和影响力越来越大。但当特斯拉的名声威望越来越大时，爱迪生开始处处打压他。爱迪生是主张直流电的旗手，而特斯拉主推交流电。为了贬低交流电，爱迪生动用各种资源，宣传交流电的危险。后来，特斯拉发明了异步电动机，展示了交流电的安全性。作为交流电的发明人，特斯拉本可以靠专利费成为世界首富，但他却毅然将"交流电专利"免费向社会开放。此时，爱迪生却动用自己的资源，处处打压，致使特斯拉的成果长时间无法被认可。

特斯拉终生未娶，1943年在贫穷孤独中死去，终年86岁。2003年马斯克将自己的电动汽车命名为"特斯拉"，以此致敬他的偶像。

第四章
化解悲伤情绪

悲伤，作为一种负性的基本情绪，通常是指由分离、丧失和失败引起的情绪反应，包含沮丧、失望、气馁、意志消沉、孤独和孤立等情绪体验，表现为静静的泪流、心房的颤抖、剧烈的疼痛等。

我们从小就听说杜鹃泣血的故事。

《蜀志》记载："望帝称王于蜀，得荆州人鳖灵，便立以为相。后数岁，望帝以其功高，禅位于鳖灵，号曰开明氏。望帝修道，处西山而隐，化为杜鹃鸟，或云化为杜宇鸟，亦曰子规鸟，至春则啼，闻者凄恻。"

商末周初，蜀地有一个国王叫望帝。望帝是受百姓爱戴的君主，后禅位给治水有功的丛帝，自己归隐西山。丛帝继位后不再爱民，生活奢靡。望帝得知后，非常悲伤，想回去劝谏丛帝，却被拒之宫门外，不久便郁郁而终。传说望帝死后化作杜鹃鸟，每年二月杜鹃鸟飞回美丽的川西上空日夜啼叫，催促农夫赶快春耕，直叫到口吐鲜血，染红了山上的杜鹃花。这就是民间传说的"杜鹃泣血"故事。

"杜鹃泣血"比喻哀伤悲凉的情愫，形容悲伤至极。

第一节　中华优秀传统文化中关于悲伤情绪的管理智慧

传统文化各家都把"悲伤"作为"七情"之一。其中《礼记》中最早的表述用的是"哀"字，儒家一直沿用"哀"字；道家亦用"哀"

字;中医用"悲"字表达;有的用"忧"字表达,其繁体写作"憂",本意是愁闷。"哀"与"悲"同意,"哀"的本义就是"悲痛,悲伤"。《说文解字》中有:"哀,闵也。""哀""忧""悲"都含有"哀伤、怜悯、愁闷"的含义。

一、孔子的"哀而不伤"观

在第二章中讲了儒家的"乐而不淫","乐而不淫"的下一句就是"哀而不伤"。这是孔子在《论语·八佾》中评价《关雎》的话。"子曰:《关雎》乐而不淫,哀而不伤。"这是对《关雎》的最高评价。"哀而不伤"的意思是,人可以悲伤,但不能失去理智,失去正确的判断,被悲伤情绪牵着鼻子走,沉溺于痛苦的深渊不能自拔,而是要保持冷静,保持节制。"发乎情,止乎礼义"。

人的一生,既不是想象中的那么好,也不是想象中的那么坏。每个人的背后都会有悲伤,都会有心酸,都会有无法言说的艰难。正如李宗盛作词的歌里唱的"伤心总是难免的":

> 你说你爱了不该爱的人
> 你的心中满是伤痕
> 你说你犯了不该犯的错
> 心中满是悔恨
> 你说你尝尽了生活的苦
> 找不到可以相信的人
> 你说你感到万分沮丧
> 甚至开始怀疑人生
> 早知道伤心总是难免的……

列举几个"哀而不伤"的小故事。

小故事之一：孔子的父亲叔梁纥（hé）是下层贵族"士"，母亲叫颜徵（zhēng）在，是大户人家的女儿，嫁给叔梁纥做妾。孔子出生不久，叔梁纥就去世了，他们母子不为大妇所容，便迁居到了曲阜附近。颜徵在为了生计，日夜做工，非常辛苦，孔子忧心于母亲的辛劳，在十几岁就开始帮工，想为母亲分担一些家务。因常年积劳成疾，母亲在孔子十七岁的时候就去世了。母亲的去世让孔子非常悲伤，他趴在地上哭了好久。孔子虽然悲伤，但他有节制，他忍住悲痛严格按照礼节举行丧礼，没有因为悲伤而做出逾礼伤身的事情。他后来曾对弟子说过，"父母之年，不可不知也，一则以喜，一则以惧"，最怕的就是"子欲养而亲不待"。

小故事之二：孔子和颜回除了师生，还是知己，当颜回英年早逝时，孔子非常悲伤，他连说："噫。天丧予。天丧予。"（《论语·先进》）意思是"老天爷要亡我啊"。颜回去世后，同学们想进行厚葬，他们认为以颜回的才能，怎么也能顶得上一个"大夫"的称号，因此要按照"大夫"的礼节操办葬礼，子曰："不可。"门人厚葬之。子曰："回也视予犹父也，予不得视犹子也。非我也，夫二三子也。"（《论语·先进》）

意思是孔子不同意，他说："颜回把我当父亲看待，我却不能把他当自己的儿子看待。举办这样不符合规矩的葬礼，不是我的想法，是学生们搞的。"

小故事之三——《礼记·檀弓上》：伯鱼之母死，期而犹哭。夫子闻之曰："谁与哭者？"门人曰："鲤也。"夫子曰："嘻！其甚也。"伯鱼闻之，遂除之。

意思是孔子的老婆死了，儿子孔鲤非常伤心，按照礼制守孝一年，但一年过后，孔鲤还非常伤心，经常哭泣。孔子听到有人哭泣，就问谁在哭，弟子告之曰"孔鲤"，孔子听后就说："这有点悲伤过头了，也不符合礼制啊。"孔鲤听后，就不再悲伤了。

小故事之四——《礼记·檀弓上》：子路有姊之丧，可以除之矣，而弗除也。孔子曰："何弗除也？"子路曰："吾寡兄弟而弗忍也。"孔子曰："先王制礼，行道之人皆弗忍也。"子路闻之，遂除之。

子路的姐姐去世了，丧期过后子路还穿着丧服，孔子看到后就问："为什么不脱了丧服？"子路说："我的兄妹少，实在不忍心姐姐故去了啊！"孔子说："先王制礼，对于君子来说，就是要适度控制感情。"子路听后，便脱了丧服。

小故事之五：明末大儒刘宗周是遗腹子，他母亲怀他五个月时父亲去世。母亲去世时，刘宗周号啕痛哭，多次因悲伤而昏迷，好多天都不吃东西，以至于身体极度虚弱消瘦。在三年守孝期间，刘宗周心情非常低沉，每当想起母亲都非常难过，三年下来，身体彻底垮了，有时咳血不止。这不符合儒家思想。孔子认为，哀伤要有节制，"丧致乎哀而止"（《论语·子张》），丧事做到尽哀就可以了，不用非要吃糠咽菜，以致把身体弄垮。

二、列子的"死之于生，一往一返"

列子（前450—前375），名御寇，战国前期道家代表人物，河南郑州人，古帝王列山氏之后，先秦天下十豪之一，思想家、哲学家、文学家、教育家。

列子认为死亡是自然规律，无须悲伤。

在道家的著作《庄子》和《列子》中，都曾对生死这件事做出过讨论。《列子》中林类说："死之与生，一往一反。故死于是者，安知不生于彼？故吾知其不相若矣？吾又安知营营而求生非惑乎？亦又安知吾今之死不愈昔之生乎？"意思是说，死和生不过就是一去一回罢了，所以我在这死了，怎么知道我不会在其他的地方出生呢？我怎么知道死和生不是相同的一件事呢？我又怎么知道我现在为了求生而苦苦挣扎不是一种错误呢？我又如何知道如果我现在死了，不比活着的时候更好呢？

《庄子·田子方》有云："日出东方而入于西极，万物莫不比方，有目有趾者，待是而后成功，是出则存，是入则亡。万物亦然，有待也而死，有待也而生。吾一受其成形，而不化以待尽，效物而动，日夜无隙，而不知其所终，薰然其成形。"意思是太阳由东方出来，在西边没入，万物没有不顺着这个方向的；凡是有眼有足的动物，也是顺应太阳的出没而行动。日出而作，日入而息，万物都是这样的。等待造化去了，便顺应而死；等待造化来了，便顺应而生。人的生死，都是自然的常态，有生必有死，有死必有生，一点也不由得人。

庄子主张"吾一受其成形，而不化以待尽"的自然观，强调"悲乐者，德之邪；喜怒者，道之过；好恶者，德之失。"（《庄子·刻意》）大意是如果情绪上放纵自己悲伤或快乐，那么自身的德行就会不正；如果不能控制自己的喜怒，那么就无法体悟大道；如果心存好恶，那么最原初的心性就会缺失。庄子妻子去世后，庄子鼓盆而歌。他认为，人的生死就像春夏秋冬四季交替一样，他的妻子回归天地，安然常留在天地间，这是天道使然，再怎么悲伤也没有用，还不如为她的回归天地而高兴。可见，道家认为死亡是自然规律，无须悲伤。

小故事：庄子的骷髅梦

庄子到楚国去，途中遇到一具尸骨，干枯成头颅状，便用马鞭在旁边敲了敲，问道："你是贪图生命才变成这样的吗？还是因为国破家亡，惨遭杀害？或是有了不好的行为，担心给父母、妻儿子女留下耻辱，因此才羞愧成这样呢？还是你饥寒交迫才这样呢？还是你寿数已尽才这样呢？"

庄子说完，拿过骷髅，当作枕头而睡。到了半夜，骷髅给庄子托梦说："你真是一个善于言辞的人。你说的那些情况都属于活人的拘束，人死后就不存在这些问题了。你想听听死人的情况吗？"

庄子说："好。"骷髅说："人死后，没有国君的统治，也不受官吏的管辖；四季不用操劳，从容地生活着，即使成为君王，也没有这样快乐。"

庄子不相信，说："我让主管生命的神来恢复你的形体，还给你骨肉肌肤，把你送回父母妻子故乡朋友那里，得以继续生活，你愿意吗？"骷髅皱眉蹙额，深感忧虑地说："我为什么要抛弃君王般的快乐，而去重新遭受人间的痛苦呢？"

有一个开示死亡的小故事。

有一个名叫巧秀的少妇，她的爱子不到一岁就病逝了，巧秀悲伤欲绝，抱着死去的爱子不撒手，逢人就问，怎样才能让她的孩子活过来。最后，一位老者让她去寻找一位智者，智者那里会有答案。

巧秀不辞辛苦到了智者那里，声泪俱下地哀求说："智者，求求你，让我的儿子活过来吧！"

智者说："只有一个方法可以帮到你。你去向城里的每一个住户收集一粒芥菜种子，拿来给我。要挨家挨户收集，一户也不能漏，而且只能收集那些没有逝者的家庭的种子。"

爱子心切的巧秀立刻动身。她敲开第一户人家的门："您家里有芥菜籽吗？只要一粒。您家里曾经有亲人逝去吗？"

"我家曾经有深爱的亲人逝去，所以不能给你芥菜籽。"第一家人如此回答。她又走向第二户询问，得到的回答是："我们家有亲人逝去！"她又走向第三家、第四家……巧秀敲遍了全城人家的门，最后失望至极,她无法满足智者的要求,没有带回符合要求的芥菜籽,哪怕是一粒。

悲伤的巧秀和爱子做了最后的道别,她两手空空回到智者身边。

"你带回芥菜种子了吗?"智者问道。

"没有。"她说:"悲伤让我失去了理智,我明白了,每一个人都曾经有过亲人死去的经历,不只是我。"

巧秀擦干了眼泪:"请智者告诉我怎样才能解脱死亡的伤痛呢?"

智者道:"人的生死就像春夏秋冬四季交替一样,天道使然,再怎么悲伤也没有用,还不如为他回归天地而高兴。"

《庄子·德充符》曰:"死生、存亡、穷达、贫富、贤与不肖、毁誉、饥渴、寒暑,是事之变,命之行也。日夜相代乎前,而知不能规乎其始者也。"意思是人活一辈子,每个人都会经历事态的变化。死生、存亡、穷达、贫富、贤与不肖、毁誉、饥渴、寒暑,这些都是事态的变化,天命的运行,它们日夜循环更替在人们的眼前,而人的智力并不能测度它的由来。

庄子认为,只要是人,都会经历这些事态变化,没有谁能幸免。这是宇宙的变化规律,有人出生,就有人死去;有人得到,就有人失去。人只有"顺"其变化,找到事态变化的节点,才能从得失心中解放出来。好的境遇,可以享受它;不好的境遇,可以忍耐它,并从中转化压力,强大自己。这就是"顺"的意义。

《庄子·缮性》篇有这样一段话:"古之所谓隐士者,非伏其身而弗见也,非闭其言而不出也,非藏其知而不发也,时命大谬也。"意思就是说,古代的那些隐士们,并不是有意特立独行而把自己隐藏起来,也不是不愿意吐露真情,分享自己的心得,更不是故意遮掩自己的才智,而不有所发挥,而是因为命运不济,时遇不顺。当时代的发展,暂时不需要他们出现的时候，他们便会选择"穷则独善其身"，安顿好自己的身心，修养好自己的德行，而后以待其时。正如庄子所说："不当时命而大穷乎天下，则深根宁极而待，此存身之道也。"（《庄子·缮性》）

"顺"其变化，是为了规避因无谓的对抗而消耗自己。智者能够认知宇宙的规律，来来去去，高高低低，生息湮灭，都是规律，交替进行。福兮祸之所伏，祸兮福之所倚。

三、庄子的"哀莫大于心死"

《庄子·田子方》有云："恶，可不察与！夫哀莫大于心死，而人死亦次之。"意思是最悲哀的莫过于人没有思想或失去自由的思想，心如死灰、精神麻木，这比人体的死亡更可怕，这才是需要人悲伤的。可见，庄子的悲伤是一种宏大的悲伤。

一个人如果缺乏自己的思想，很容易受到极端思想的影响，很容易成为他人操纵和控制的对象，失去了自主性和独立性，盲目追随他人而迷失自我，甚至可能走上错误的道路，造成不可挽回的后果。鲁迅笔下的祥林嫂就是这样的一个悲剧人物，她在丈夫、儿子相继去世等一系列精神打击下，内心极度悲伤，精神麻木。"全白的头发，不像四十上下的人；脸上瘦削不堪，黄中带黑，而且消尽了先前悲哀的神色，仿佛是木刻似的；只有那眼珠间或一轮，还可以表示她是一个活物。"祥林嫂缺乏独立的思想，总是听信别人的蛊惑，把千辛万苦攒下的工钱，拿到土地庙捐门槛。

四、中医的伤肺气消论

《红楼梦》里的林黛玉常年寄居在贾府，心中难免有些自卑，可是这种自卑的感情，她完全没有办法去排解，所以平素多悲、多忧、多思。

平时不管是多么小的事情，林黛玉都可以联想到自己的身上来，从而变得更加悲伤。悲伤则气消，过度而持续的悲伤和忧虑使其肺气耗伤、气短胸闷、精神萎靡不振、乏力。最后宝玉与宝钗结婚，让病入膏肓的黛玉悲伤欲绝，这样突然的情绪变化加重了黛玉的病情，使她最终悲伤而逝。

中医讲五脏对应情志，肺在志为悲。肺是承载人的悲伤情志活动的主要器官。情志也与气机相对应，喜则气缓，悲则气消等。过度悲伤表现为心境凄凉、心神消沉、垂头丧气或少气不足以息，肢体麻木，甚至会导致脏器衰竭。可谓"过悲则伤肺，肺伤则气消"。

《黄帝内经》讲，肝藏魂，肺藏魄。魂魄是人的精神灵气。魂是阳气，构成人的思维才智；魄是阴气，构成人的感觉形体。阴阳对应着魂魄，阴阳协调则人体健康，不协调则身体出问题。

小故事：荀粲伤心过度而亡

荀粲是三国时期著名玄学家，是东汉著名政治家荀彧（yù）的小儿子。善谈玄理，名噪一时。

《世说新语·惑溺》上记载："荀奉倩与妇至笃。冬月妇病热，乃出中庭自取冷，还以身熨之。"荀粲娶了将军曹洪的女儿曹氏。曹氏长得非常漂亮，婚后两人非常恩爱。曹氏生病了，荀粲为了给爱妻降温，寒冬腊月脱得精光，站在院子里把自己冻得瑟瑟发抖，然后抱着爱妻，希望能够让爱妻退烧。虽然拼尽全力医治，还是没有救回。荀粲悲痛不已，整日郁郁寡欢。为此他的朋友劝他说："妇人才色并茂为难。子之娶也，遗才而好色。此自易遇，今何哀之甚？"意思是才貌双全的女人是可遇而不可求的，你夫人没有才华只是拥有美貌而已，像她这样只是拥有美色的女人并不难再找到，你又何必伤心到这种程度呢？但荀粲回答说："佳人难再得，顾逝者不能有倾国之色，然未可谓之易遇。"意思是佳人难再得，虽然说我死去的爱妻没有倾国倾城的美色，可是我要是再想找到像她这样的美女，那绝对不是一件容易的事。

《荀粲别传》里面记载道：痛悼不能已，岁馀亦亡，时年二十九。荀粲交往的都是一时俊杰，下葬的时候，前来的有十几位名士，都为之哭泣。留下了"荀令伤神""分钗断带"等成语故事。

另外有一个唐琬悲伤而亡的故事。

宋代诗人陆游与表妹唐琬本是恩爱夫妻，两人诗书唱和，感情深厚。但因陆母不喜唐琬，以"七出"之名，休掉唐琬。何为"七出"？"七出"包含"不孝、无子、淫、妒、恶疾、多言、盗"这七条。根据历史推测，陆家休掉唐琬的最可能的原因就是"七出"的第一条"不孝"。

陆游和唐琬婚后如胶似漆，可偏偏陆游连续两场科举都失败了。陆母迁怒儿媳，认为陆游无法光宗耀祖，是因为唐琬的原因，陆家以"不孝"为名休掉唐琬，使得陆游陷入终生的愧疚之中。

两人各自再婚十年后。陆游在沈园春游时，与偕夫同游的唐琬不期而遇。唐琬遣致酒肴，聊表对陆游的抚慰之情。陆游乘醉在园壁上题写词《钗头凤》：

红酥手，黄縢酒，满城春色宫墙柳。东风恶，欢情薄，一怀愁绪，几年离索，错！错！错！

春如旧，人空瘦，泪痕红浥鲛绡透。桃花落，闲池阁。山盟虽在，锦书难托。莫！莫！莫！

唐琬也和词一首：

世情薄，人情恶，雨送黄昏花易落。晓风干，泪痕残。欲笺心事，独语斜阑。难！难！难！

人成各，今非昨，病魂常似秋千索。角声寒，夜阑珊。怕人寻问，咽泪装欢。瞒！瞒！瞒！

不久，唐琬抑郁病死。

离婚四十七年后，68岁的陆游重游沈园，触景伤情，又写下了《禹迹寺南有沈氏小园》，此时他的前妻已经去世许久。

枫叶初丹槲（hú）叶黄，河阳愁鬓怯新霜。
林亭感旧空回首，泉路凭谁说断肠。
坏壁醉题尘漠漠，断云幽梦事茫茫。
年来妄念消除尽，回向禅龛一炷香。

离婚五十四年后，陆游已经75岁，每次登城之后，他总要眺望沈园，因此他又写下了《沈园二首》。

其一：城上斜阳画角哀，沈园非复旧池台。
伤心桥下春波绿，曾是惊鸿照影来。
其二：梦断香消四十年，沈园柳老不吹绵。
此身行作稽山土，犹吊遗踪一泫然。

离婚六十年后，此时陆游已经81岁，他已经很难亲自去沈园了，因此他只能在梦中去回味那曾经的美好，于是写下了《十二月二日夜梦游沈氏园亭》：

其一：路近城南已怕行，沈家园里更伤情。

香穿客袖梅花在，绿蘸寺桥春水生。
其二：城南小陌又逢春，只见梅花不见人。
玉骨久成泉下土，墨痕犹鏁（suǒ，锁）壁间尘。

其中"玉骨久成泉下土，墨痕犹鏁壁间尘"这两句诗，更是写出了陆游的一生至死不渝的爱情。

第二节　现实启示

遇到悲伤的事情，不能让自己沉湎于悲伤，如果过多地关注悲伤，只会让事情变得更糟。

从生理学的角度，悲伤涉及人体神经系统和激素的变化。当人们经历悲伤情绪时，大脑的情感中枢会被激活，释放出一系列的激素和神经传导物质。其中，催产素、儿茶酚胺等神经递质的浓度会增加，而与快乐和幸福感有关的神经递质的浓度则会降低。这些神经递质的变化会影响到人们的情绪和行为反应，增加他们对于悲伤刺激的敏感度，并且导致负面情绪的持续和加深。长期处于悲伤状态的人身体免疫功能会下降，出现心血管疾病、失眠及消化系统疾病等问题。这是因为悲伤情绪会导致身体的应激反应系统长时间处于高度紧张状态，释放出大量的应激激素，对身体的各个系统造成损伤。

从心理学的角度，悲伤情绪的核心特征在于感受到的痛苦和无力感，悲伤情绪也会导致人们对生活的消极态度，产生厌世情绪和自我否定。悲伤的过程通常分为怀疑、责怪、挣扎、沮丧、接受五个阶段。

怀疑期：你刚得知不幸消息的那一刻，很可能不相信这是真的，也许会在某种程度上否认事实，以规避痛苦。这种矛盾心理会保护你的情感，使你不至于一下子被悲伤的情绪淹没。

很多人在亲人离世的很长一段时间，都不相信亲人真正离开了。有个高中的女孩，爸爸得急病离世，在很长的一段时间里，女孩不断地问妈妈："爸爸真的离开了吗？"

责怪期：度过了怀疑期后，你会怪自己，怪自己没有尽到责任，会感到愧疚；会怪他人，怪他人应当对你失去的事物负责。

挣扎期：度过了责怪期后，会感到迷茫，和自己的信仰在挣扎。

沮丧期：这是最难渡过的关口。你可能会觉得疲倦，你可能会觉得这是对你的惩罚，无法再感受到快乐，甚至会觉得万念俱灰。

接受期：接受发生的一切，把不幸埋藏在心底的一个角落，恢复平静，心智也开始重新工作。

一、警惕心碎综合征

媒体报道，一位阿姨在接到母亲突然离世的噩耗后，一时接受不了，感觉胸闷、气急，甚至无法呼吸，家人紧急将她送到医院，经医生诊断，阿姨患上了"心碎综合征"；山东临沂一女大学生遭遇电信诈骗，被骗走了家人东拼西凑的9900元学费后，伤心过度，两天后猝然离世，最终诊断为"心碎综合征"；武汉一女士因父亲去世的噩耗，伤心过度，心痛到无法忍受，医生诊断为"心碎综合征"；江苏一女士在痛失爱人三日以后，心口突然感到剧烈疼痛，几乎不能呼吸，最终诊断为"心碎综合征"；国外一对恩爱夫妻，在一起71年之久，94岁的丈夫于凌晨离世，12个小时后88岁的妻子也随丈夫而去，妻子被医生确认是因"心碎综合征"离世。

心碎综合征其实并不是真的心碎了，只是发病时痛起来的感觉就像心碎了一样。该病发作时心脏并没有器质性病变，而是当人遇到突然的情绪压力时，心态一时无法扭转过来，身体会释出大量肾上腺素及其他化学物质，并释放入血液。这些物质影响心肌的正常活动，使血管收缩，减弱心脏收缩力，引发了一系列的胸痛、憋气、心脏撕裂感等症状，只要医治好心病就能康复。

小故事：张唐卿悲伤过度呕血而亡

张唐卿二十四岁参加北宋朝廷的殿试，竟然夺得了头名，成了状元郎，写下"一举首登龙虎榜，十年身到凤凰池"如此有气魄的诗句。后被朝廷委以重任，外放为官。

没过多久，张唐卿的父亲不幸亡故，张唐卿赶忙归家奔丧。面对父亲的棺椁，张唐卿痛不欲生，哭得肝肠寸断，竟然多次呕血，一病不起，没过多久，他也撒手人寰，随父而去，年仅二十八岁。堂堂大宋状元，年纪轻轻，竟然因为父亲过世，悲伤过度呕血而亡。

不少人听到这个消息都非常震惊，觉得张唐卿是个才华横溢的年轻人，假以时日，必然能成为朝廷重臣，没想到年纪轻轻就死掉了，真是国家的一大损失。

小故事：梵高与西奥

1880年，27岁的梵高立志做一名画家，很多人都觉得是个笑话。梵高画了十年画，没有人支持他，只有弟弟西奥支持他，为此他承担了梵高的生活费。只是梵高没有理财能力，常常到了月中就吃了上顿没下顿。西奥为了梵高不挨饿，就半个月给他寄一次钱，后来又改成十天寄一次。梵高的画没人欣赏，生前就卖出去一幅《红色葡萄园》，据说还是西奥为了鼓励梵高托别人买的。

梵高给弟弟写了很多信，在信里说着自己的喜怒哀乐，弟弟就是梵高的知音。西奥的经济负担非常重，为了支持梵高画画，他不得不限制妻儿的开销，这让梵高非常痛苦，可是他又没有任何经济来源，也许这是压倒梵高的最后一根稻草。

1890年7月27日傍晚，梵高一个人走进麦田用枪打入腹部，他摇摇晃晃走回家，最后死在了弟弟西奥的怀中。梵高的死让弟弟西奥心疼不已，西奥彻底崩溃了。半年后西奥抑郁而终。梵高和西奥被并排葬在教堂外面的麦田里。

二、悲秋综合征

当年，唐朝文学家、哲学家刘禹锡在初秋的阵雨中感受到了一种凄苦之情，"自古逢秋悲寂寥"。

据媒体报道：某民企员工小李感到工作吃力，很容易烦躁、焦虑，夜晚入睡困难，白天没什么精神，不想吃东西。有时，她看到秋风吹落叶的情景还会难过甚至流泪。"我觉得一切都很无趣，找不到生活的意义。"向医生诉说时，小李有些哽咽。

据媒体报道：王女士来到医院精神科寻求帮助。王女士从事财务工作，工作任务重，最近总感到工作无意义。晚上睡眠不好，白天没精神，情绪消沉，心情不好。尤其是一到天色阴沉的时候，就会不自觉地流泪，"感觉生活无趣，一切都没啥意思。"

经医生诊断，他们患的是"悲秋综合征"。

什么是"悲秋综合征"？

"悲秋综合征"是指在秋天换季之时人体生物钟不适应日照时间长短的变化，导致生理节律紊乱和内分泌失调，使得情绪与精神状态受到影响。加之秋季气温骤降、景色萧瑟，从而使人产生凄凉、苦闷之感，甚至产生焦虑、抑郁情绪。主要表现为情绪烦躁、低落、忧虑、悲伤、食欲下降、失眠、疲倦等症状。

"悲秋"情绪的产生，从生理角度而言，在人的大脑底部，有一种叫松果体的腺体，能分泌出一种"褪黑激素"。这种激素能诱人睡眠，使人意志消沉，生出抑郁不欢之情绪。入秋以后，由于日照时间减少、强度减弱，如果逢上秋风秋雨的坏天气，日照几乎没有，"褪黑激素"就会分泌增多。"褪黑激素"的增多，会使人的甲状腺素和肾上腺素的分泌受到抑制，人的心情容易低沉消极。在秋季天气晴好的时候，多出去走走，既能接受光照、调节激素分泌，又能欣赏美景、转移情志、平复情绪、缓解压力。

"悲秋"情绪的产生，从中国古代的五行（金、木、水、火、土）学说看，五脏中的"肺"属金，七情中的"悲"属金，四季中的"秋"也属金。因此在秋天，尤其是秋雨连绵的日子，人们容易产生伤感的情绪。难怪历代诗人在秋的阵雨中都感受到了一种凄苦之情。节选几首诗词如下：

西汉刘彻的《秋风辞》
秋风起兮白云飞，草木黄落兮雁南归。
兰有秀兮菊有芳，怀佳人兮不能忘。
泛楼船兮济汾河，横中流兮扬素波。
箫鼓鸣兮发棹歌，欢乐极兮哀情多。
少壮几时兮奈老何！

汉代流传的《古歌》
秋风萧萧愁杀人，出亦愁，入亦愁。
座中何人，谁不怀忧。令我白头。
胡地多飚风，树木何修修。

离家日趋远，衣带日趋缓。
心思不能言，肠中车轮转。

唐代杜甫的《登高》
风急天高猿啸哀，渚清沙白鸟飞回。
无边落木萧萧下，不尽长江滚滚来。
万里悲秋常作客，百年多病独登台。
艰难苦恨繁霜鬓，潦倒新停浊酒杯。

宋代黄机的《忆秦娥·秋萧索》
秋萧索。梧桐落尽西风恶。西风恶，数声新雁，数声残角。
离愁不管人飘泊。年年孤负黄花约。黄花约，几重庭院，几重帘幕。

宋代张淑芳的《更漏子·秋》
墨痕香，红蜡泪。点点愁人离思。桐叶落，蓼花残。雁声天外寒。
五云岭，九溪坞。待到秋来更苦。风浙浙，水淙淙。不教蓬径通。

宋代苏庠的《鹧鸪天·枫落河梁野水秋》
枫落河梁野水秋。淡烟衰草接郊丘。醉眠小坞黄茅店，梦倚高城赤叶楼。
天杳杳，路悠悠。钿筝歌扇等闲休。灞桥杨柳年年恨，鸳浦芙蓉叶叶愁。

清代曹雪芹的《秋窗风雨夕》

《红楼梦》第四十五回林黛玉所作《秋窗风雨夕》。全诗环绕着秋字，通过一系列秋天景物的淋漓渲染，展示了孤弱少女的满怀愁绪和无边伤感，从而预示她难以逃脱的悲剧命运。

秋窗风雨夕

秋花惨淡秋草黄，耿耿秋灯秋夜长。
已觉秋窗秋不尽，那堪风雨助凄凉！
助秋风雨来何速？惊破秋窗秋梦绿。
抱得秋情不忍眠，自向秋屏移泪烛。
泪烛摇摇爇短檠，牵愁照恨动离情。
谁家秋院无风入？何处秋窗无雨声？
罗衾不奈秋风力，残漏声催秋雨急。
连宵脉脉复飕飕，灯前似伴离人泣。
寒烟小院转萧条，疏竹虚窗时滴沥。
不知风雨几时休，已教泪洒窗纱湿。

三、了解泪失禁体质

泪失禁体质是网络流行语，形容每逢和人吵架或是情绪稍微激动些时，都会控制不住地想哭。明明不是一件值得哭的事情，自己也没有太委屈与悲伤，只是据理力争，可嗓门一高情绪一上来，声音慢慢就变成了哭腔。

泪失禁体质并不是一种疾病，只是一种特殊的生理现象，与个体的情绪表达和生理反应有关。在这种情况下，流泪是人类情绪的自然表达方式，适当的哭泣可以释放情绪，对心理健康有益。只要泪失禁现象不影响个体的正常生活、学习和工作，且流泪的原因、时间、程度与正常人相似，一般不视为心理疾病。

但当泪失禁成为一种频繁、持久且不受控制的现象，影响到了个人的日常功能和社会交往时，就可能与某些心理疾病相关联。例如，人由于长期的情绪低落或抑郁，导致情绪敏感度增加，更容易出现泪失禁现象。在这种情况下，泪失禁体质可能是心理疾病的一种症状或表现。

说到泪失禁体质，我们最先想到的就是《红楼梦》中的林黛玉。根据知乎网友的不完全统计，前80回，林黛玉为宝玉哭了13次，因思乡念亲哭了9次，为自己不知暗戳戳哭了多少次。可见，黛玉是与生俱来的当之无愧的"泪失禁"体质了。

对于泪失禁体质的人群，需要关注自身的情绪变化和心理健康状况。

四、游心于道不悲伤

孔子曰："鱼相造乎水，人相造乎道。相造乎水者，穿池而养给；相造乎道者，无事而生定。故曰：鱼相忘乎江湖，人相忘乎道术。"（《庄子·大宗师》）意思是鱼生于水，人合于道。生于水者，游于池水则安适；合于道者，无事扰攘则天性自得。故而，鱼畅游于江湖则忘却一切而自由快乐，人遨游于道则忘却一切而自由快乐。

鱼在水中，悠然自得；人于道中，亦悠然自在。万物包括人类的生存要循"道"而趋，不能背"道"而驰。"夫道，覆载万物者也""游心于道为德"。（《庄子·天地》）

人不管遭遇怎样的苦难，都要坦然接受自己的命运和境遇，接受命运馈赠的一切，无论给予我们什么，无论多么痛苦的事情，都坚信我们是能承受的。把心放正，把心放在"道"上，并以积极乐观的心态持续不断地拼命努力，这样的人才能不断开拓自己的人生。

创建松下电器的松下幸之助先生，由于幼年时父亲投机米市失败并破产，不得不在上小学时就辍学当了学徒，从孩提时代开始，就吃尽了苦头。然而，在这样的命运面前，他不悲伤，他一心一意，拼命工作。他曾讲从他开始坦然接受命运，下定决心全身心投入工作的那一瞬间，人生就从逆风变成了顺风。他说："后来回忆起来我才意识到，我少年时代的人生看上去似乎沾染了不幸的色彩，但实际上，这只是上天赐予我的精彩人生的前奏而已。如果我的人生一帆风顺，完全没有经历挫折和艰辛，我就不会去努力磨炼自己的心灵，我恐怕会成为一个不懂得体谅和同情他人的人。"

可见，游心于道不悲伤。

小故事：海伦·凯勒

海伦·凯勒出生时，本是一个健康的婴儿，却在19个月大时被一场突如其来的疾病夺去了视觉和听觉。她恐惧悲伤，感觉生活中没有爱。安妮·莎莉文老师来到海伦·凯勒身边，改变了一切。在莎莉文老师耐心的指导下，海伦学会了阅读，让她知道了爱，感受到了身边无处不在的爱。

海伦不断地学习，由于她的不屈不挠的精神，她学会了说话和写作，并成功实现了她的大学梦想，进入了哈佛大学。在海伦的大学生活中，由于生理上的缺陷，在繁重的功课中她非常地吃力，在老师的帮助及她自己的努力下，最终她以优异的成绩大学毕业，还掌握了英语、法语、德语、拉丁语和希腊语五种语言。大学毕业后海伦又遭遇了母亲去世，又一次让她陷入悲伤之中。但海伦忍住悲伤，用动人的、富于诗意的笔触进行写作，表达了她对生活的爱恋。

第五章
疏导焦虑情绪

焦虑情绪是与处境相关的痛苦情绪体验，通常是对不确定的客观对象或具体而固定的观念内容的过分担心，可能表现为紧张、烦躁、不安、忧虑等情绪，一般的焦虑不会持续很久，也不会对日常生活产生太大的影响。"焦虑"二字较早出现于唐朝温庭筠的《上蒋侍郎启》之二："劳神焦虑，消日忘年。"

第一节　中华优秀传统文化中关于焦虑情绪的管理智慧

中华传统文化各家的"七情"中都没有"焦虑"二字，但儒家《礼记》"七情"中的"哀、惧"，道家"七情"中的"哀"，中医"七情"中的"忧、思"都有焦虑的底色与成分。

一、孔子的允执厥中观

到底什么导致了人类的焦虑？

《论语·宪问》有言："克、伐、怨、欲不行焉，可以为仁矣？"子曰："可以为难矣，仁则吾不知也。"意思是原宪问孔子："好胜、夸耀、怨恨、贪欲都没有，能算得上是仁了吧？"孔子说："这已经很难得了，到没到仁的程度，我就不知道了。"

这里的"克、伐、怨、欲"这四种不好的德行，是导致焦虑的原因。因为好胜要和人家攀比，这就是克；一旦拥有了，就有了炫耀的资本，开始向人们炫耀，别人不夸自己夸，这就是伐；如果争而不得，就会心生怨恨，怨天怨地怨社会，这就是怨；因为想要拥有，就会去与人争夺，想尽一切办法占有，不达目的誓不罢休，这就是欲。这都是导致焦虑的重要原因。

刘向的《新序·节士》记载了这样一个小故事。

原宪居鲁，环堵之室，茨以蒿莱，蓬户瓮牖（yǒu），桷（jué）桑而无枢，上漏下湿，匡坐而弦歌。子贡乘肥马，衣轻裘，中绀而表素，轩不容巷，而往见之。原宪楮（chǔ）冠黎杖而应门，正冠则缨绝，振襟则肘见，纳履则踵（zhǒng）决。子贡曰："嘻！先生何病也！"原宪仰而应之曰："宪闻之：无财之谓贫，学而不能行之谓病。宪、贫也，非病也。若夫希世而行，比周而友，学以为人，教以为己，仁义之匿，车马之饰，衣裘之丽，宪不忍为之也。"子贡逡巡，面有惭色，不辞而去。

原宪是一个很自律的人，孔子死后，他就隐居起来，粗茶淡饭，生活极为清苦。子贡在卫国做官，穿着豪华的衣服，驾着豪车，去拜访原宪这个小学弟。原宪出来迎接子贡，子贡看到他吓了一跳，他戴着桦树皮做的帽子，穿着破烂的衣服，脚上穿的是草编的拖鞋。子贡连忙问他："兄弟，你有病啊，穿这么破？"原宪回答说，老师当年教导我们，没有钱财叫作贫，学了而不知道用才叫病。我只是贫，不是病。言外之意，你看你现在这副德行，不按老师的要求低调做人做事，而是到处显摆，你才是病了。子贡听后，非常羞愧地走了，以后再也不好意思显摆了。

如何克服"克、伐、怨、欲"，做到不焦虑呢？

《论语·述而》有言"君子坦荡荡，小人长戚戚。"

意思是君子一贯坦然自在，小人总是忧心忡忡。

"君子坦荡荡"有三层含义。一是君子做的事都是光明磊落的事情，能够摆在桌面上讲，不是桌子底下的勾当，没什么好焦虑的。二是君子做的事都是安分守己的事情，安于自己眼下所处的地位，尽自己职责而为，也没什么好焦虑的。三是君子做事时都怀有真诚之心，就是孔子讲的至诚无息，至诚无妄。正如王守仁所说："此心光明，亦复何言。"君子坦荡荡，无须焦虑。

《礼记·中庸》有言"执其两端，用其中于民"。

在《二程遗书》中，程颐说："不偏之谓中，不易之谓庸。中者，天下之正道；庸者，天下之定理。"一句话道出了"中庸之道"的本质，就是掌握好做事情的"度"，既不能达不到，也不能做过头，因为达不到和做过头在儒家看来，都属于错误的做法，并没有本质的区别。

《尚书·虞书·大禹谟》有言："人心惟危，道心惟微，惟精惟一，允执厥中"。意思是人的内心容易受到外界诱惑，所以需要保持警惕，而道德心灵则需要保持微妙的平衡，不偏不倚。这句话强调个人内心的脆弱和对道德的坚守，提醒人们要时刻保持警惕，不被外界诱惑，同时要坚守内心的道德准则，不偏离正道。这是儒学的"十六字心传"，相传是起源于尧舜相传之心学，也被称之为是"虞廷十六字"。坚守内心的道德准则，不偏不倚，把握好这个"度"字，就不会陷入盲目的焦虑之中。

《史记·孔子世家》记载了孔子学琴艺的故事。

师襄子，十日不进。师襄子曰："可以益矣。"孔子曰："丘已习其曲矣，未得其数也。"有间，曰："已习其数，可以益矣。"孔子曰："丘未得其志也。"有间，曰："已习其志，可以益矣。"孔子曰："丘未得其为人也。"有间，有所穆然深思焉，有所怡然高望而远志焉。曰："丘得其为人，黯然而黑，几然而长，眼如望羊，如王四国，非文王其谁能为此也！"师襄子辟席再拜，曰："师盖云《文王操》也。"

孔子向襄子学琴艺，一连十天都弹同一首曲子。作为老师的襄子都看不下去，让他换首曲子。孔子说不行啊，我还没有掌握弹琴的技法。又过一阵子，襄子跟孔子说，换首曲子呗，孔子又不肯。

三番几次，孔子不是说我还没有弄懂曲子的情怀志向，就是说我不知道作曲者的为人品格，就是不换曲子，继续弹同一曲。

又过了一段时间，孔子终于说："我知道作曲者的为人了：他皮肤黝黑，个头高挑，目光远大，像个统治四方的王者，除了文王还有谁能这样呢！"他这话一出，简直把襄子惊呆了。

襄子立马深拜孔子说："我老师曾说过这首琴曲是《文王操》。"孔子沉浸于这首曲子，竟然上升到了闻曲识人的境界。

世间一切事业与德行，只要专一坚持，不被外界诱惑，沉浸其中，享受其中，就不会产生克伐怨欲，就不会焦虑，才会有所作为。

二、老子的"大成若缺，其用不弊"

到底什么导致了人类的焦虑？孔子认为克伐怨欲这四种不好的德行是导致焦虑的原因。老子是怎么看这个问题的呢？

《老子·第四十五章》写道："大成若缺，其用不弊。大盈若冲，其用不穷。大直若屈，大巧若拙，大辩若讷。躁胜寒，静胜热。清静为天下正。"意思是最完满的东西也有残缺，但它的作用永远不会衰竭；最充盈的东西也有空虚，但是它的作用是不会穷尽的；最直的东西也有弯曲；最灵巧的东西往往也存在笨拙；最卓越的辩才也有不善言辞的一面。躁动能克服寒冷，清静能克服暑热。清静无为才是天下的道。

月满则亏，水满则溢。一切看似完美的东西，实际都存在缺陷。人生之事，何尝不是如此？过高的期待，过多的欲望，往往会带来伤害。

很多人因爱而不得的人，求而不得的事，天天忧心思虑，就像钻进一条死胡同，进，无路可走；退，心有不甘，进而产生焦虑。

焦虑者会经历常人无法想象的痛苦。

焦虑者对自己不确定的事情总爱往坏处想，担忧恐惧。甚至事情还没有发生，但在焦虑者内心当中，已经一遍又一遍地发生过无数次，已经一次又一次地出现过他所担忧的那个结果。如果不知道焦虑者内心当中已经一次又一次地经历过他担忧的事情，就无法理解焦虑者的痛苦。当思绪整日处于这样的忧患之中，就会陷入寝不安席，食不甘味的境地，也就是说这并不一定会发生的事情把焦虑者整个身心吞噬了，天天生活在忧虑之中不得出离，最终导致情绪崩溃。

小故事：放下那颗焦虑不安的心

有个年轻人手里捧着一束花，想把它奉献给一位老者。

老者见了，说："放下。"

年轻人以为老者叫他放下鲜花，立刻把手里的鲜花放下。

老者又说："放下。"

年轻人非常不解地问道："我已经两手空空，没有什么可以再放下的了。请问爷爷，现在我还要放下什么？"

老者语重心长地说："我叫你放下，并不是叫你放下手里的东西。我要你放下你那颗焦虑的心，唯有放下那颗焦虑不安的心，你才能心平气和，才可以从欲望的桎梏中解脱出来了。"

还有一个同样意义的故事。有个年轻人夜晚赶山路，遇到大雨，突然脚下一滑，踩到泥泞的烂土堆，身体失去重心，跌入了山谷。危难间，他急中生智，张开双臂向暗黑的夜空乱抓，抓到了山岩隙缝的树枝，年轻人赶忙用胳膊顺势一勾，悬挂在半山腰，上下不得。

这时，他看到一位老者，扯开嗓子大喊："老爷爷，求您赶快救我！"老者说："救你很简单，但你要依照我的话去做，我才救得了你。"年轻人殷切地请求："老爷爷，只要能救我，我都听您的。"

老者平静地说："好！把你的手给我，我救你。"年轻人一听老者要他放下赖以维系生命的树枝，大嚷："如果我放掉树枝，我就会粉身碎骨，我不会放下的。"

"你不放下，我怎么救你上来呢？"老者轻轻地锁着眉头。

小故事：另辟蹊径

有个大户人家的爷爷，年事已高，一直在考虑当家接班人的问题。一天，老爷爷将两个孙子叫到跟前，说："你们俩谁能凭自己的力量从后山的悬崖下攀爬到山上，谁就是咱家的当家人。"

悬崖之下，大孙子屡爬屡摔，摔得鼻青脸肿，但还在顽强地攀爬。当拼死爬至半截处，不幸摔落崖下，头破血流，爷爷将他救下。

小孙子攀爬几次不成功后，便沿着悬崖下的小溪，顺水而下，穿过树林，出了山谷，游山求学去了，一年之后才回到家中。奇怪的是，老爷爷不但没有骂他，反而指定他为接班人。

大家很是不解，老爷爷微笑着解释道："悬崖极其陡峭，是人力不能攀爬的。但悬崖旁边，却有路可寻。如果为当家人的名利所诱，心中就只有面前的悬崖绝壁。在名利的牢笼内挣扎，轻者苦恼伤心，重者伤身损肢。如若另辟蹊径，则是天高云淡，自在快乐。"

可见，人生要进步，需要放下根深蒂固的窠臼，放下愚昧迂腐的知见。这样的人生，才有更宽阔的转圜，才有更多的拾得。

三、庄子的"欲静则平气，欲神则顺心"

到底什么导致了人类的焦虑？

孔子认为克伐怨欲这四种不好的德行是导致焦虑的原因。老子认为

"大成若缺，其用不弊"。一切看似完美的东西，实际都存在缺陷。过高的期待，过多的欲望，会带来焦虑。

如何才能不焦虑，庄子给出了答案。

《庄子·杂篇·庚桑楚》讲"欲静则平气，欲神则顺心"。要求人应效法天地之德性，遵守事物的法则，摒弃妄念，清心寡欲，顺应自然。道家《阴符经》认为"天性，人也，人心，机也""立天之道，以定人也"，阐述了天道即人道，并进一步强调人道的核心就是要遵照自然之法度，做到起心动念、行为举止符合事物的本性与规律，不可虚动和妄为。《老子》亦云："人法地、地法天、天法道、道法自然。"这就是"万物之始，大道至简"（《道德经》）。

庄子在《达生》篇里，讲了一个木匠的故事。这是一个鲁国的木匠，名叫梓庆。他"削木为鐻"。这鐻，是悬挂钟鼓的架子两侧的柱子，上面会雕饰着猛兽。这鐻还有一种解释，说它是一种乐器，上面雕成老虎的样子。

这木匠把鐻做成了"见者惊为鬼神"，看见的人都惊讶无比，以为鬼斧神工啊，怎么会做得这么好？那上面的猛兽栩栩如生。梓庆的名声传了出去，传着传着就传到国君那儿去了，所以鲁侯召见这个木匠梓庆，要问一问他其中的奥秘。

梓庆很谦虚，说我一个木匠，我哪有什么诀窍？根本没有什么技巧啊！他对鲁侯说：我准备做这个鐻的时候，我都不敢损耗自己丝毫的力气，而要用心去斋戒。斋戒的目的，是为了"静心"，让自己的内心真正安静下来。

在斋戒的过程中，斋戒到第三天的时候，我就可以忘记"庆赏爵禄"了，也就是说，我成功后可以得到的封功啊、受赏啊、庆贺啊，等等，这些东西都可以扔掉了。也就是说，我可以忘利。斋戒到第五天的时候，我就可以忘记"非誉巧拙"了，也就是说，我已经不在乎别人对我是毁是誉了，大家说我做得好也罢，做得不好也罢，我都已经不在乎了，也就是说忘记名声了。

还要继续斋戒。到第七天的时候，我可以忘却我这个人的"四肢形体"，达到忘我之境。这个时候，我可以忘记我是在为朝廷做事了。大家知道，为朝廷做事心有惴惴，有了杂念，就做不好了。这个时候，我就进山了。进山以后，静下心来，寻找我要的木材，观察树木的质地，看到形态合适的，仿佛一个成型的鐻就在眼前。然后我就把这个最合适的木材砍回来，顺手一加工，它就会成为现在的这个样子了。梓庆最后说，我做的事情无非叫作"以天合天"，这就是我的奥秘。

木匠的故事让我们认识到，有一个坦荡的好心态，就能达到最佳的状态，平心静气，没有丝毫的焦虑，做到"以天合天"，才能把事情做到最好。

同时宠辱不惊。《老子·第十三章》讲："宠辱若惊，贵大患若身。何谓宠辱若惊？宠为下，得之若惊，失之若惊，是谓宠辱若惊。何谓贵大患若身？吾所以有大患者，为吾有身。及吾无身，吾有何患？故贵以身为天下者，若可寄天下。爱以身为天下者，若可托天下。"意思是得到宠爱或遭受耻辱，都像是受到惊吓一样。重视大患，就好像重视自己的身体一样。什么叫作"宠辱若惊"？宠爱是卑下的，得到它会感到心惊不安，失去它也会惊恐万分。这就叫宠辱若惊。什么叫作"贵大患若身"？我之所以会有祸患，是因为我有这个身体；倘若没有了我的躯体，我还有什么祸患呢？所以，把天下看得和自己的生命一样宝贵的人，才可以把天下的重担交付于他；爱天下和爱自己的生命一样的人，才可以把天下的责任托付于他。

无论身处尊贵地位，还是身处危险境地，无论宠还是辱，都能坦然处之，心里不会产生任何波动。《史记·周本纪》载："其囚羑（yǒu）里，盖益《易》之八卦为六十四卦。"意思是周文王被商纣王囚禁在羑里时，随时都有可能被杀害，然而他心静如常，依然能够安心地从事学术研究，成为身处逆境而能够保持心境平静的帝王典范。

《新唐书·卢承庆传》记载这样一个"宠辱不惊"的小故事。

卢承庆是唐太宗时期的名臣。一次，他主持审查考核官员，评定等级事关每位官员的仕途升迁，所以大家都非常紧张。有个负责运粮的官员一时疏忽，导致运粮的船只沉没了。卢承庆就将他的等次评定为"中下"。当卢承庆把评定结果告诉漕运官时，这个运粮官没有流露出半点不高兴的神情。卢承庆想，粮船沉没并不是靠那个运粮官的力量所能挽救的，于是，他综合考虑各种因素，又将运粮官的级别改成了"中中级"，那个运粮官得知后也没有流露出半点高兴的神情。卢承庆十分赞赏他这种"宠辱不惊"的品格，又将他的级别改成了"中上级"。这个运粮官名叫安学。后来，安学不失众望，成为一个政绩卓然的地方官，名留青史。

小故事：在日本海上漂流求生36小时的中国女孩

2024年7月8日傍晚6点40分左右，在日本伊豆半岛东岸静冈县下田市的一处海滨浴场，21岁的成都女孩芝士在近海玩乐时遭遇了离岸流，被海水带走。随后的36个小时里，不会游泳的她依靠租来的救生圈，在海上漂流了约80千米。面对突如其来的灾难，她没有陷入恐慌，而是迅速利用手头有限的资源，用两条胳膊架着那只救生圈，保持身体浮在水面上。在随后的时间里，芝士不仅要对抗自然的严酷条件，如饥渴、寒冷和疲劳，还要与内心的恐惧和绝望作斗争。

漂在海上时，芝士曾脱水至力竭、短暂入睡，甚至想过"窒息就能痛快"，但她始终顽强地在波涛中坚持着。在海上，她捡到过帮她抵挡风浪的"道具",看到过灯塔、银河、海市蜃楼和大小船只,这些都数次激发着她对生的渴望。

7月10日上午8点左右,芝士在千叶县南房总市野岛崎海岸以南海域等来了注意到她的货船、油轮和日本海上保安厅派出的直升机,最终获救生还。芝士希望人们能够了解常常被浪漫化的大海凶险莫测的一面,也希望自己的经历能够激励和帮助那些曾经和现在对生活失去希望的人们。

芝士说大家说我创造了奇迹,其实有点夸大了。这本来就是一场意外,它的发生也确实有自己的疏忽因素的存在,我不是一个所谓的完美受害者。我被迫卷进了这场危险,因为对死亡的恐惧和求生的欲望才能坚持下来。我获救以后,看到很多人说换作自己肯定三个小时都坚持不了。其实大家都不要低估自己,如果你被爱环绕那就拥抱爱,如果只剩自己了,那也请相信你足够强大,可以渡过难关。

芝士的经历向我们揭示了一个深刻的道理:在生命的危急时刻,冷静与智慧同样重要,勇敢地寻找解决之道,永不放弃希望。

四、中医的郁证

焦虑症在中医理论中称之为郁证。《黄帝内经》中有五气之郁的论述,还有较多情志致郁的病理方面的论述。

东汉末年医学家张仲景在《金匮要略·妇人杂病》中讲,"妇人脏躁,喜悲伤欲哭,象如神灵所作,数欠伸,甘麦大枣汤主之。"意思是女人得了脏躁症,悲喜交加,喜怒无常,看起来就像被神鬼控制一样,总喜欢打哈欠,伸懒腰,这种情况可以用甘麦大枣汤搞定。

张仲景所论郁证包括情志、外邪、饮食等因素所致广义的郁。"气血冲和,万病不生,一有怫(fú,悒郁)郁,诸病生焉。故人身诸病,多生于郁。""或七情之抑遏，或寒热之交侵，故为九气怫郁之候。或雨湿之侵凌，或酒浆之积聚，故为留饮湿郁之积。"张仲景提出因病而郁，因郁而病的概念，而后者以怒郁、思郁、忧郁为主。

小故事：浮小麦

张仲景记载药方"甘麦大枣汤"，所谓的甘麦就是又干又瘪的小麦，因为这种干瘪的小麦撒在水里是漂浮在水面上的，因此王怀隐将这种小麦称之为浮小麦。

一天，宋代名医王怀隐的医馆来了一急症病人，病人丈夫描述，他夫人近来不知何故，常常发怒且哭笑无常，整日心神不宁，有时甚至还伤人毁物，夜间盗汗，好生怕人。

王怀隐望闻问切后心中已了然，原来此妇人因更年期而出现精神方面的症状，王怀隐捋须笑道："不必惊恐，此乃脏躁症也。"言毕，开出了张仲景的"甘麦大枣汤"，嘱其按时服用。

几天后那妇人与丈夫前来拜谢，原来此妇人脏躁症好了。

有一个吴鞠通的小故事。

吴鞠通是清代的著名医家。他写了一本《温病条辨》，是中医发展史上的一座丰碑。

有一回，吴鞠通遇到了一个棘手的患者。医案记载，患者姓鲍，年32岁。最初，他是一个勤学的好孩子。但不承想，寒窗苦读多年，他却未能考取功名，"未识文章至高之境"。为此，他疯了。

七年来，患者的家人几乎请遍了所有的名医，医效甚微。有的确实帮助患者安静了几天，但是过后又很快复发。

吴鞠通见到时，患者已经疯得不成样子了。这疯子喜欢毁坏物品，没办法，家人给他戴上铁镣，这样才将他约束起来。

吴鞠通看了看之前医生开的方子，大多是滋补品。他为患者诊脉，发现脉象弦而有力。当时吴鞠通就说，这是实证，不是虚证，以前可能治反了。当务之急，就是要泄他的心胆之火。吴鞠通开了药方，患者状态逐渐好转。

这时候，吴鞠通对患者进行了心理疏导。大概的意思是，你的病，就是因为未能考取功名，未能实现读书人的理想。但是，即便你把文章做得再好，能不能考取功名，还得看你的命运如何安排啊！你这样郁怒，是没有意义的。吴鞠通就这样苦口婆心地劝导患者，医案记载，是"痛乎责之"，而患者则"俯首无辞"。到最后，这个患者穿好衣服，向家人行跪拜之礼。

第二节　现实启示

国家卫生健康委及科技部资助立项的"中国精神障碍疾病负担及卫生服务利用的研究"结论显示，中国成人的精神障碍终生患病率高达16.57%。其中，患病率最高的精神障碍就是焦虑症，其终生患病率为7.6%，女性显著多于男性。可见，焦虑已经成为现代人生活的影子。健康焦虑、子女焦虑、经济焦虑，种种焦虑影响着我们的身心健康。

从生理学角度看，当人体处于某种不良情绪状态时，会刺激大脑中的神经递质分泌，导致神经递质分泌紊乱，从而出现不安、恐惧、忧虑等情绪，伴随着一系列的生理反应，如呼吸加快、心跳加快、血压升高、出汗、发抖、胃痛等。

从心理学的角度，一定程度的焦虑是冷漠态度的对抗剂，是对自我满足而停滞不前的预防针，它促进个人的社会化和对文化的认同，推动着人格的发展。但严重和持久的焦虑情绪是有害的，就是我们通常说的焦虑症，是一种心理障碍。

一、警惕焦虑症

焦虑症是一种心理障碍，与焦虑情绪相比，其表现更为严重和持久。焦虑症的症状包括强烈的不安、恐惧、忧虑等情绪，常伴有身体症状，如心悸、出汗、胃痛等。焦虑症可能会对个体的日常生活、工作和社交产生较大的影响。

焦虑本质上就是人类思想的一部分，不管你承认也好、否认也罢，焦虑情绪都是实实在在存在的。

人在焦虑什么？

很多人焦虑的是理想化人设的崩塌。

凤凰男焦虑自己事业成功的人设崩塌、子女不成器的父母焦虑成功父母的人设崩塌、自卑的人焦虑自己自信的人设崩塌、孤独的人焦虑自己社交达人的人设崩塌、暴发户焦虑自己被别人瞧不起、电影明星焦虑自己不再年轻的容貌、企业家焦虑成功人士的人设崩塌。这是"人设崩塌"的焦虑，原本你在别人心中的形象是这样，但是突然有一天可能要暴露出另外一种形象，你内心就会感到焦虑，这种焦虑让你备受煎熬。

出现这种问题的原因就是有很多人并不是在做自己，而是在努力维护一种"人设"。自在地做自己和维护人设的区别在于，前者能够无条件接纳自己的各种状态，包括不完美的一面，他们也不害怕任何人的批评和指责；后者维护人设是需要花费精力的，是需要花费心思的。如有的女强人，每天调动全身的力量，小心翼翼地维护自己杀伐果决的职场精英形象，让别人觉得她很厉害。她们每天保持微笑，衣服永远是得体的，头发永远是时尚的，给人的感觉永远是完美的。她们不会感到累吗？不会感到疲惫吗？不会憔悴吗？尤其是当努力维护的人设崩塌时，相当于之前所有的努力都被否定，好像被圈层抛弃了，所以会感到焦虑。

更为严重的是，很多人创设了多个理想化人设，翻开微信朋友圈，你就会发现有的人既是社交达人，又能静心读书，享受自己的孤独；既是孝顺父母的人子、体贴入微的丈夫，又是子女的偶像；既是事业的强者，也是思想的强者；既是领导的好助手，又有融洽的同事关系。当这些数不尽的理想人设都集中到一个人的身上，最后的结果只能是筋疲力尽，不知道自己是谁，不知道自己要什么，也不知道自己应该干些什么，就会产生焦虑。正如庄子所讲，"为外刑者，金与木也；为内刑者，动与过也。"意思是施加皮肉之刑的，不外乎金属和木质之类的工具；可给人带来内心煎熬的，却是内心的冲突和躁动所致。精神的焦虑煎熬比肉体的痛苦更严重。

生活中，不需要别人为你鼓掌，放松做自己，朋友圈不需要别人为你点赞，要学会为自己鼓掌，为自己点赞。有一位画家靠卖画为生。他给自己定了两个目标：只要完成一幅画，就去附近的餐馆饱餐一顿作为奖赏；只要卖出一幅画，就安排自己去海边度个假。于是，在海滨的沙滩上，常常可以见到画家享受假期的身影。

二、做真实的自己不焦虑

如何发现真实的自己？

"不识庐山真面目，只缘身在此山中。"我们需要花点时间，列一份真实的自我清单（见表5-1），把你觉得是真我的东西写下来。这份清单的内容包括你喜欢做的事情，你是什么人，或者你在想什么。比如我喜欢穿大短裤、我想去看阿拉斯加的鳕鱼和南太平洋的海鸥。花点时间去想想，你来自哪里？你的父母是谁？你的祖父母是谁？外祖父母是谁？他们如何塑造了你？你成长中最生动的回忆是什么？你的兴趣在哪里？你喜欢什么？你厌恶什么？把它贴到你经常能看见的地方，如你的书房、冰箱门上抑或是床头。

表 5-1　真实的自我清单

问题	回答
你喜欢做的事情是什么	比如我喜欢穿大短裤
描述：自己是什么样的人	比如低调、节俭等
你在想什么	比如我想去看阿拉斯加的鳕鱼和南太平洋的海鸥
你来自哪里？你的父母是谁？你的祖父母是谁？外祖父母是谁？他们如何塑造了你	
你成长中最生动的回忆是什么	
你的兴趣在哪里？你喜欢什么？你厌恶什么	

在回顾自己所做的事情时，看看自己的行为是否和清单上的内容一致，一个真实生动的你就出现了，你就会发现真实的自己。做真实的自己，无与伦比。

小故事：邯郸学步

《庄子·秋水》："子往矣！且子独不闻夫寿陵余子之学行于邯郸与？未得国能，又失其故行矣，直匍匐而归耳。"又有《汉书·叙传上》："昔有学步于邯郸者，曾未得其仿佛，又复失其故步，遂匍匐而归耳。"后世根据以上典故提炼出"邯郸学步"这一成语。

战国时期，燕国寿陵有个少年，听说赵国都城邯郸的人走路姿势非常优美，就决定前去学习。他风尘仆仆地来到邯郸，果然见到大街上的人走起路来都风度翩翩。少年赶紧跟着路上的行人模仿起来。每天刻苦练习，却始终没有学会邯郸人的走路姿势，反而把自己原来的走路方式也忘得精光。最后，少年彻底不知道该怎么走路了，只好爬着回到了燕国。

有的人为了让自己显得属于某个社会阶层，为自己立理想化人设，最终只能吞噬真实的自我。要勇敢做真实的自己，接纳原本那个不完美但却真实的自己。

做真实的自己，还包含着拥有良好的心态，良好的心态带给自己强大的能量，遇到烦恼的事情，从容淡定，不再焦虑不安，待人处事拥有更高的智慧。

小故事：谁来渡我

一个年轻人，心中充满烦恼，急于想找解决的办法。这天，年轻人去山中散心，在山脚下，看到一位牧童骑牛吹笛，颇为逍遥，很是羡慕，便上前询问："你能告诉我怎样摆脱心中的烦恼吗？"

"这个嘛，很简单，你就像我一样，骑着牛，吹着笛，这样就不会感到烦恼了。"牧童笑着说。

年轻人便拜托牧童帮忙，让他也骑牛吹笛一会儿，可结果一点用也没有，他依然心中充满烦恼。无奈之下，年轻人只好继续寻找，不知不觉来到了湖边，看见一位钓鱼的老者。只见老者手持钓竿，微闭双目，神情怡然自得，简直就像画中人一般。

年轻人问老者："您能告诉我怎样摆脱心中的烦恼吗？"

老者说道："年轻人，你和我一样来钓鱼吧，保证你能获得快乐。"

年轻人试着钓了一会儿鱼，对他而言，依然毫无用处。没办法，他只好继续寻找，沿途他又遇到了一些人，也尝试了一些别的方法，可依然无效。最后，有人指点他，前面的村庄里住着一位智者，智者应该能帮到他。

没多久，年轻人就找到了那位智者。年轻人向智者长揖一礼，说明了自己的来意。

智者说："要想摆脱心中的烦恼，请先回答我的问题，是有人捆住了你的手脚吗？"

"没有。"年轻人感到有些迷惑，但还是回答了。

"既然如此，又寻求什么解脱呢？"智者说完，便不再开口。

年轻人想了想，似乎有些明白了：是呀！根本没人捆住我，我又何须寻求解脱呢？想到这里，年轻人就想要转身离开，然而，就在他转身之时，面前突然变成了一片汪洋，只见一叶小舟荡漾在他面前，年轻人赶忙上了船，可却发现船上只有双桨，没有船家。

"谁来渡我？"年轻人大声自救。

"请君自渡！"智者的声音传来。

年轻人赶忙拿起双桨，轻轻一划，结果，汪洋一下子就变成一条大道。年轻人方才恍然大悟，于是踏上大道，长笑而去。

三、谦卑之人不焦虑

《群书治要》卷一《周易》讲："《彖》曰：谦，亨。天道下济而光明，地道卑而上行。天道亏盈而益谦，地道变盈而流谦，鬼神害盈而福谦，人道恶盈而好谦。谦，尊而光，卑而不可逾，君子之终也。"《彖传》说："谦卑，则亨通。""谦，亨"，"谦"是谦卑；"亨"是亨通，谦虚礼让则亨通顺利。天道谦虚礼让，能赢得崇高荣誉受到尊敬，人谦恭有礼就能由下往上高升。天道是要减弱骄傲自满情绪并且增强谦虚礼让作风，人要改变骄傲自满情绪并且传播谦虚礼让作风；祖先治理国家是惩罚骄傲自满者并且赏赐谦虚礼让者，民众的规律是讨厌骄傲自满者并且交好谦虚礼让者；谦虚礼让者受到敬重因而能够赢得崇高称誉，具备谦恭有礼品质所以能晋升职位，这是才德出众之人向往的终极目标。

《易经》六十四卦中的第十五卦是谦卦，象征谦虚退让。谦卦的卦象是艮下坤上，代表着地下有山，象征着有才华和能力却不张扬炫耀，表现出谦逊的品质。

谦卦的卦辞是"谦，亨，君子有终"。这句话的意思是，保持谦逊的态度能够通达顺利，君子若能始终保持谦虚的美德，最终会有好的结果。

谦卦的爻辞进一步解释了在不同情境下谦逊的应用和变化。例如，初六爻辞"谦谦君子，用涉大川，吉"，意味着以谦逊的态度行事，即使面对困难也能吉祥如意；六二爻辞"鸣谦，贞吉"，表示谦逊的人已经有了一定的名声，仍然坚守正道则吉祥。

谦卦在《易经》中的地位非常特殊，它是六十四卦中唯一一个所有爻辞都是吉利的卦。这表明《易经》的作者认为谦逊是一种非常重要的美德，能够带来积极的影响和良好的结局。

《论语》中讲："君子敬而无失，与人恭而有礼，四海之内皆兄弟也。"老子说："天下大德谦为首，地低成海，人低成王。"晚清名臣曾国藩曾说："谦则不招人忌，恭则不招人侮。"

可见，做人谦和有礼，谦卑朴素，才能以平和的心态看待世间的利欲权情。谦和有礼，低调做人，代表着豁达、理性和成熟。谦卑之人，才会更豁达，心境才会更开阔。一个人看开、想开、放开的时候，烦恼就少了，心就不累了，执念放下了，人生就顺了，就不会焦虑了。

四、长期主义的人生不焦虑

《读者》在 2001 年 8 月期有篇文章，讲了这样一个故事。

1965 年，一位韩国学生到剑桥大学主修心理学。他常到学校的咖啡厅或茶座听一些成功人士聊天。他们当中有诺贝尔奖获得者、某一领域的学术权威和一些创造了经济神话的人。这些人幽默风趣，举重若轻，把自己的成功都看得非常自然和顺理成章。时间长了，他发现，在国内时，他被一些成功人士欺骗了。那些人为了让正在创业的人知难而退，普遍把自己的创业艰辛夸大了，他们在用自己的成功经历吓唬那些还没有取得成功的人。

于是，他就对韩国成功人士的心态加以研究。他把《成功并不像你想象的那么难》作为毕业论文，提交给现代经济心理学的创始人威尔·布雷登教授。教授大为惊喜，认为这是一个新发现，这种现象虽然普遍存在，但此前还没有一个人大胆地提出来并加以研究。

这本书伴随着韩国的经济起飞而流传开来。

这本书鼓舞了许多人，它从一个新的角度告诉人们，只要你对某一事业感兴趣，并长久地坚持下去就会成功，因为这一生的时间和智慧足够你圆满做完一件事情。

作家刘震云在他13岁的时候遇到第一位人生导师，是他的一个远房舅舅。舅舅告诉他："像你这样既不聪明又不傻，不上不下的人在世界上很麻烦，以后的前途就是和我一样赶马车，娶媳妇也只能娶个小寡妇。"有点残酷，但也让人清醒。他嘱咐刘震云："不聪明也不笨的人，一辈子就干一件事，千万不要再干第二件事。"这成为刘震云此后的人生锦囊，一直不敢忘记。因为这一生的时间足够长，你对一件事感兴趣，并长久地坚持下去，你会做得圆满。

在人生奋斗的过程中，要想不焦虑，需秉持长期主义的原则。以上两件事情说的就是长期主义。一枚硬币，只抛五次，正面的概率，可能是80%。但你抛一万次，正面的概率一定是50%。长期主义告诉我们，只有把时间拉长，才能在一个不确定的世界里，得到一个确定的答案。

长期主义强调对事物的长期影响和可持续性的关注，而不仅仅关注眼前的利益和短期收益。

长期主义有多长？

管理学中的长期主义，不是指具体的时间长度，而是指事物发展的生命周期，如行业发展的生命周期、产品的生命周期等，也就是事物从出现、成长、成熟到衰退的过程。毛泽东在《论持久战》中指出，抗战的波动周期，从1937年开始的艰难抗日，历经防御、相持、反攻，到1945年取得胜利，充分体现了长期主义的价值观。

在这方面，亚马逊的创始人贝佐斯与投资家巴菲特的对话可谓经典。

贝佐斯问巴菲特："既然赚钱这么简单，为什么那么多人赚不到钱？"

巴菲特回答，因为很多人不愿意慢慢赚钱。

巴菲特99%的财富是在50岁以后才出现爆发性增长的。

巴菲特用长期主义的复利慢慢赚钱。

爱因斯坦说：复利是世界上第八大奇迹，威力超过原子弹。

想赚快钱的人会引来更多想要割他韭菜的人。

第六章
穿越恐惧情绪

恐惧是指因受到威胁而产生并伴随着逃避愿望的情绪反应。恐惧是人类共同的情感体验，在这个世上，有人恐高，有人怕水，有人怕交际，有人晕血，有人怕羽毛等诸多种种。恐惧像一棵树一样，拥有诸多枝干，诸多叶子，以及诸多表现方式。

——

第一节 中华优秀传统文化中关于恐惧情绪的管理智慧

中国传统文化各家在表述"七情"中都明确提到了"恐"或"惧"。可见，恐惧这种情绪体验自古以来就受到了各家的重视。

一、孔子的"畏"与"惧"

"畏"与"惧"，在现代汉语中的语义没有任何区别，《辞海》对"畏"和"惧"的解释，均为害怕。但在古汉语中，"畏"与"惧"却有不同含义。

"畏"在古汉语中的含义，一个是怕，一个是敬，孔子在《论语·季氏》中讲道："君子有三畏：畏天命，畏大人，畏圣人之言；小人不知天命而不畏也，狎大人，侮圣人之言。"《诗经·大雅·烝（zhēng）民》中有"不畏强御"。

"惧"是指人们关于自身存在状态的害怕情绪，如在《论语·颜渊篇》中讲"君子不忧不惧。"《诗经·小雅·谷风》中有"将恐将惧，维予与女。"

因为君子敬畏天命、大人及圣人之言，在行为上就要顺从"天之所命""大之人格""圣人之言"，如此一来，他就能做到不惧。显然，恰恰因为君子的这种"有所畏"，他才会"不忧不惧"；换言之，君子之所以不惧，正是因为他"有所畏"。对此我们就理解了孔子的"知者不惑，仁者不忧，勇者不惧。"（《论语·子罕》）孔子把"畏"与"惧"的底层逻辑关系梳理得非常清晰，孔子的这种"畏"与"惧"思想，王守仁一力传承。

王守仁《传习录》说："岂有邪鬼能迷正人乎？只此一怕，即是心邪，故有迷之者，非鬼迷也，心自迷耳。"意思是哪有邪恶的鬼能迷惑正人君子的？只怕是自己的心邪才迷惑自己，所以不是鬼迷惑你，而是邪心自迷。王守仁告诫学生，世上并不存在什么鬼魅之事，是你的心被你自己的贪欲所迷惑。王守仁认为许多人之所以容易受到外界事物的影响，是因为自己的心不正。如果你光明正大，坦坦荡荡，了无私欲，什么邪魔都奈何不了你。

二、庄子的"不知处阴以休影，处静以息迹"

是什么导致了人们的恐惧？

一是愚蠢无知抑或未知。

《庄子·渔父》里讲了一个畏影的小故事。

"人有畏影恶迹而去之走者。举足愈数而迹愈多，走愈疾而影不离身。自以为尚迟，疾走不休，绝力而死。不知处阴以休影，处静以息迹，愚亦甚矣！"意思是有个害怕身影足迹的人，为了摆脱可怕的身影、消灭讨厌的脚印而采取了急速逃跑的办法。结果脚步越多而脚印愈多，跑得愈急而身影随形。他还以为自己跑慢了，不断加速，急跑不休，终于精疲力竭而死。不懂得"处阴"就能"休影"，"处静"就可"息迹"，还有比这更愚蠢的吗！

《风俗通义》也记载了一个类似的故事："予之祖父郴为汲令，以夏至日诣见主簿杜宣，赐酒。时北壁上有悬赤弩，照于杯，形如蛇。宣畏恶之，然不敢不饮。其日便得胸腹痛切，妨损饮食，大用羸露，攻治万端不为愈。后郴因事过至宣家窥视，问其变故，云：'畏此蛇，蛇入腹中。'郴还听事，思惟良久，顾见悬弩，必是也。则使门下史将铃下侍，徐扶辇载宣，于故处设酒，杯中故复有蛇，因谓宣：'此壁上弩影耳，非有他怪。'宣遂解，甚夷怿，由是瘳平。"

后在《晋书·乐广传》中衍生典故。

尝有亲客，久阔不复来，广问其故，答曰："前在坐，蒙赐酒，方欲饮，见杯中有蛇，意甚恶之，既饮而疾。"于时河南听事壁上有角，漆画作蛇，广意杯中蛇即角影也。复置酒于前处，谓客曰："酒中复有所见不？"答曰："所见如初。"广乃告其所以，客豁然意解，沈疴顿愈。

晋朝有一个叫乐广的人，请朋友到家里喝酒聊天。一位客人正举杯欲饮，无意中瞥见杯中似有一条游动的小蛇，但碍于众多客人的情面，他硬着头皮把酒喝下。后来，他这位朋友没有说明原因就告辞离开了。过了几天，乐广去看他。谁知这位朋友病得很厉害。乐广奇怪地问："前几天喝酒时，你还好好的，怎么一下子就病得这么厉害了呢？"这位朋友说："那天我喝酒，突然发现酒杯里有一条蛇，而且还慢慢地蠕动。我当时感到很害怕，但盛情难却，所以我勉强喝了那杯酒。回到家以后，我感到全身都不舒服，总觉得肚子里有一条小蛇。"

乐广得知他的病情后，思前想后，终于记起他家墙上挂有一张角弓，用漆在弓上画了蛇，他猜测这位朋友所说的蛇一定是倒映在酒杯中的弓影。于是，他再次把朋友请到家中，邀朋友举杯，那人刚举起杯子，墙上角弓的影子又映入杯中，宛如一条游动的小蛇，他惊得目瞪口呆。这时，乐广指着墙上挂着的弓说："都是它在作怪，杯中的蛇是这张弓的影子！"随后，乐广把弓从墙上取下来，杯中小蛇果然不见了。这位朋友疑窦顿开，压在心上的"石头"被搬掉，病也随之而愈。

可见，人的愚蠢无知抑或未知是导致恐惧的原因，若是一切洞如观火、清晰明了，又哪来的恐惧。就是说，想要远离恐惧，就必须认清事物的真相，揭开事物的神秘面纱。比如有时候感到身后有黑影跟随，很害怕，当回过头去，看清那个黑影是熟人，恐惧之心马上烟消云散。有鉴于此，处于愚蠢无知或未知的状态，人就会恐惧。

很多人恐惧死亡，是因为对死亡没有正确认知，庄子认为生死通达，生死具有相同的价值，生死都是"道"的使然。庄子消解了生死之间的紧张，教导人们"善生"也要"乐死"。人既然可以把"生"当作最喜欢的事情来看待，认为这就是"道"，那么也要把死当最快乐的事情来看待，方为符合"道"的要求。生死都要顺其自然，死亡是自然的安排，庄子参透生死之道，面对死亡没有恐惧心理。

《庄子·列御寇》记载了这样一个小故事。

庄子将死，弟子欲厚葬之。庄子曰："吾以天地为棺椁，以日月为连璧，星辰为珠玑，万物为赍送。吾葬具岂不备邪？何以加此？"弟子曰："吾恐乌鸢之食夫子也。"庄子曰："在上为乌鸢食，在下为蝼蚁食，夺彼与此，何其偏也！"以不平平，其平也不平；以不征征，其征也不征。意思是庄子将死，弟子们打算隆重地埋葬他。庄子说："我以天地为棺材、以日月为玉璧、以星辰为珠宝、以万物为陪葬品。我的陪葬品还不完备吗？怎么还要隆重地厚葬呐！"弟子们说："我们担心您死后露天不葬，会被乌鸦、老鹰吃了。"庄子说："不埋葬，会被空中的乌鸦、老鹰吃了；埋葬了，会被地下的蝼蛄、蚂蚁吃了；你们埋葬我，从乌鸦、老鹰的嘴里夺去吃食送给蝼蛄、蚂蚁吃，不是太偏心了吗？"用偏私去追求公平，这样的公平不会是真正的公平；用人的感觉去验证事物，这样的验证也不会是真正意义上的验证。

庄子参透了生死真谛，所以才能达观、豪迈地迎接死亡，面对死亡没有任何的恐惧。之后的阮籍在《达庄论》中写道："至人者，恬于生而静于死，与阴阳化而不易，从天地变而不移"，这体现了对生死的超然态度。嵇康也在他的作品中表达了对自然的热爱和对生死的淡然，认为人应该顺应自然，不以生死为念。

二是重外者必恐惧。

庄子《达生》篇有这样一句比较有趣的话："以瓦注者巧，以钩注者惮，以黄金注者殙（hūn）。"说的是一个棋艺高超的棋手，常常能把一盘困难的棋局转换成胜局。当他和别人下棋，只是以游戏的方式下棋，他的棋艺高超炉火纯青。可是当赌注变成了一些碎银两时，这时候他就不淡定了，心中充满恐惧，害怕输掉这些碎银，棋技大不如从前。如果加大了赌注，以黄金作为赌注，他简直就是魂不守舍，头脑发昏，胜算的希望就不大了。

可见，棋手的棋艺本身是没有问题的，如果撇开一切外在的因素，他的棋艺应该是始终如一的。可是因为外在的因素，因为患得患失而造成的恐惧让他紧张，因为他没有关注事情的本身，而是关注事情本身之外的东西。凡重外者必内拙。如果你关注事情本身之外的东西，那么一定会蒙蔽你的心智，这就是恐惧的本源。

三、蒲松龄的"人情鬼蜮，所在皆然"

蒲松龄，别号柳泉居士，世称聊斋先生，淄博淄川人。清朝文学家，短篇小说家。

在"子不语怪力乱神"的儒家思想及老子"处变不惊"的道家思想影响下，中国文学一直提倡温柔敦厚的创作风格，恐怖小说很少。蒲松龄的《聊斋志异》带来了中国恐怖类小说的繁荣，许多篇章不断被改编为戏曲、电影、电视剧，影响深远。

《聊斋志异》中描写了许多恐怖故事，其中最著名的包括《咬鬼》、《野狗》和《尸变》。这些故事通过描绘鬼怪、僵尸和恐怖场景，展现了蒲松龄运用恐怖和惊悚元素的精湛技巧。

《咬鬼》讲述了一个男子在睡梦中被一个身着丧服的女子缠身，最终在绝望中咬住女子的故事。这个故事的恐怖之处在于其细腻的描写和出人意料的结局，让人感到脊背发凉。《野狗》则以清朝顺治年间的山东半岛农民起义为背景，讲述了一个村民在躲避清兵屠杀时目睹的恐怖景象。故事中的野狗不仅是一种怪物，更是象征着战争带来的恐惧和绝望。《尸变》描述了一个旅店中女尸夜间活动的故事，女尸逐一吹气吓唬住客，最终导致多人死亡。这个故事通过紧张的情节和出乎意料的转折，营造出一种压抑和恐惧的氛围。蒲松龄巧妙地运用鬼狐恐怖故事来表现现实人生和现实社会，揭露贪官污吏鱼肉百姓，不仁豪绅霸凌乡民，讽刺官场昏庸、婚姻难以自主等诸般世态炎凉。郭沫若先生曾评价其为"写鬼写妖高人一等，刺贪刺虐入骨三分"，而老舍先生则评价"鬼狐有性格，笑骂成文章"。

蒲松龄在《念秧》开篇发出"人情鬼蜮，所在皆然"的感慨，意思是人情险恶、如同鬼魅，无论人间还是鬼蜮，人性的险恶和复杂都是普遍存在的。尤其在现实生活中，人与人之间的交往充满了各种复杂的关系和利益纠葛，往往比鬼怪更加难以应对和预测，人比鬼更可怕。纪晓岚在《阅微草堂笔记》中支持了这一观点，写道："有避仇窜匿深山者，时月白风清，见一鬼徙倚白杨下，伏不敢起。鬼忽见之，曰：'君何不出？'栗而答曰：'吾畏君。'鬼曰：'至可畏者莫若人，鬼何畏焉？'"。人与鬼的对话告诉我们，鬼没有什么可怕的，世界上最可怕的还是人。蒲松龄通过《聊斋志异》告诫人们，向善之人不恐惧。

四、中医的大恐伤肾论

《延寿书》云："大恐伤肾，恐不除则志伤。恍惚不乐，非长生之道。"恐惧在中医上一般指心胆虚怯，由肝肾亏虚或情志、饮食内伤等病因所致，生活中常伴有心虚、胆怯、神经衰弱的症状。患者耳闻巨响、目见异物时，会心惊胆怯、心惊神摇，因而发生惊悸症状。中医认为惊则气乱、恐则气下，从而会导致患者六神无主，故患者常感觉心悸、易恐、坐卧不宁、少寐多梦。而气为血之帅，气行则血行，惊恐则气机紊乱，会影响到血脉的正常运行，从而出现血行不畅、心失所养，表现为胸闷、气短、烦躁、自汗、倦怠、乏力等。此外，患者还可能伴有食欲不振、苔薄白、脉虚数等症状。

俗话所说的"吓得他屁滚尿流"，便是对人体因恐吓而危及肾脏与泌尿系统，引起尿频、尿急、尿失禁等生理机能紊乱的生动写照。在现实社会中，被恐吓致死也不乏其例。

第二节　现实启示

许多人常常处于恐惧之中。做生意怕赔钱、吃食物怕有害、怕人言、怕舆论、怕穷、怕富了被人盯上、怕暴风骤雨、怕热、怕冷、怕得病、怕死亡……每天心怀恐惧和不祥的预感，什么事情也做不好。严重的恐惧不仅会损害人的生理机能，还会破坏人的心理平衡，使人早衰甚至患病。

从生理的角度看，恐惧常见的生理反应有心跳剧烈、口渴、出汗和神经质发抖等，在恐惧反应中的肌张力、皮肤导电性和呼吸速度的增加主要与肾上腺素的功能相联系。

从心理学角度看，人类的大多数恐惧情绪是后天获得的。恐惧反应的特点是对发生的威胁表现出高度的警觉。如果威胁继续存在，个体的活动减少，目光凝视具有危险的事物，随着危险的不断增加，可发展为难以控制的惊慌状态，严重者出现激动不安、哭、笑、思维和行为失去控制等症状，甚至休克。

一、恐惧症影响生活和健康

恐惧症是指患者对外界某些处境、物体、社交产生异乎寻常的恐惧，可致脸红、气促、出汗、心悸、血压变化、恶心、无力甚至昏厥等症状。患者明知这种恐惧反应是过分的或不合理的，但又反复出现、难以控制，于是极力回避导致恐惧的客观事物或情境，或是带着畏惧去忍受，因而影响其正常活动。

根据世界卫生组织的统计数据，全球范围内有约3.5%的人口患有严重恐惧症，这意味着大约有2.6亿人受到恐惧症的困扰。其中，女性比男性更容易患上恐惧症，患病率约为4.3%。这些人患有各种各样的恐惧症，比如蜘蛛恐惧症、打针恐惧症、蛇恐惧症、恐高症、社交恐惧症等。此外，还有各种听起来稀奇古怪的恐惧症，比如幽闭恐惧症、恐鼠症、闪电恐惧症、害怕乘车与坐飞机恐惧症、细菌恐惧症、黑夜恐惧症、过桥恐惧症、尖嘴恐惧症、羽毛恐惧症等，这些都严重地影响了人们正常的工作和生活。

二、无手机恐惧症

"我的手机呢？""手机怎么不见了？"在生活中，人们常常会四处寻找手机，并让手机一直出现在自己视线可及或者容易接触到的地方，如果无法看到手机，即使不需要使用它，人们的心情也容易受到无手机情景的影响从而变得惶然不适，研究者将这种由于无法使用手机或手机不在身边所产生的不适体验称为无手机恐惧症。

患有无手机恐惧症的个体，经常担心遗忘或丢失手机、电量耗尽、无法连接网络等，沉迷于手机，对手机产生很强的依赖心理，没有电话打来就焦虑。一些性格比较孤僻、自卑、缺乏自信的人，一般常希望通过打手机来减轻自己的孤独感或者获取重要信息，一旦失去这种联系，容易感到心理不适，症状也体现得最明显。

无手机恐惧症的个体体征：呼吸改变、颤抖、出汗、定向力障碍、心动过速、胃部不适等；相关情绪障碍：焦虑、激越、不满、孤独、沮丧、绝望、幸福感丧失、睡眠质量降低等。

目前，有关重度无手机恐惧症治疗方式的研究非常有限。

认知行为疗法：加强了脱离手机依赖的个体自主行为能力，但这种治疗方法尚未得到任何随机对照试验的验证。

现实疗法：在这种治疗中，建议患者关注真实事件与行为，逐渐脱离对虚拟存在感的依赖。

正念疗法：正念可以作为中介，阻断负性情感心理因素在无手机恐惧症中的作用。

手机不当使用可能是 21 世纪最大的非药物成瘾。它本身就是"技术悖论"最好的例子，人类利用手机从现实世界中解放出来，却被手机的虚拟世界所捆绑和奴役。人们频繁使用手机似乎加强了人们之间的联系，但这是一种错觉，因为失去了真实生活中面对面的互动，反而带来更多的心理精神疾病，如失眠、焦虑、抑郁、成瘾和强迫等。

三、人的思想才是恐惧的因

《庄子·齐物论》讲"小恐惴惴，大恐缦缦""其杀若秋冬，以言其日消也"。意思是小恐惧让人感到惴惴不安，而大恐惧则让人失魂落魄，恐惧就像秋冬的萧条一样，消耗自己致身虚。正如南怀瑾先生所讲"恐惧等于自杀"。

之前我们也探讨了《庄子·渔父》里畏影的小故事，了解了导致恐惧的原因是人的愚蠢无知抑或未知。当我是个小孩子的时候，邻居家老爷爷去世，看到了院子里的灵棚，我想到了死亡，感到了恐惧与神秘。当我们站在悬崖上往下看万丈深渊，脑海里会浮现很多可怕的画面，产生恐惧。所以，人的思想才是恐惧的因。人的思想是由一个个词语组成的，一个个词语具有非同寻常的重要性，它构成了一个个概念，其内涵汇成了一幅幅画面，构成了一个个世界。人类恐惧，是因为人成了这些词语的奴隶，被这些词语控制，而成了词语奴隶的人将永远无法摆脱恐惧。

四、直面恐惧

清楚了导致恐惧的因，人能不能终结恐惧呢？

觉察并了解自己内心的恐惧，不要用词语来诠释那种感受，因为你选择的词语与你的过去、你的认知高度相关。如果对恐惧不诉诸词语的感受与表达，抛开一切词语，不排斥恐惧，你的心不要把门关上，不是

第六章 穿越恐惧情绪

恐惧吗？打开门看看，门里面是啥，用心去感受，就会发现你的心会彻底清空恐惧。这意味着你必须非常深入地去感受自己的恐惧，不要用词语去表达，用心去感受，当心灵懂得了恐惧的全部内容，全神贯注去感受，没有词语的屏障，没有解释，没有逃避，没有辩护，就是如此的一颗心去感受，你会发现这颗心是一个灯塔，照亮门里的黑暗，这颗心无所畏惧，进而会清空恐惧，此时一种纯真状态就会降临，你会进入一种真真正正地处于纯真的状态中，你的心进入到完整的状态，意味着没有恐惧。这就是庄子的"汝游心于淡，合气于漠，顺物自然而无容私焉，而天下治矣"（《庄子·应帝王》）。

在这个过程中，不要用意志力去逃离恐惧，去抵抗恐惧，去高喊："我害怕，我害怕，不要过来，不要过来"。这样无助于解决恐惧问题，唯有从根本上认识到恐惧的因，直面恐惧，把万物还给万物，把自我返归自然，把心安放于心中，这才是终结恐惧的真要，才能获得生命的自由。

谷爱凌在《纽约时报》发表了一篇文章：《我承认，我爱上了恐惧》：

> 在我迄今18年人生的后10年里，我一直在追寻着的是一种纷乱的、充满恐惧的爱。我是一名专业的自由式滑雪运动员，脚上的一双雪板、22英尺深的U型池和各种特技动作是我肾上腺素的主要来源，也是极限运动中真正令人上瘾的核心要素。
>
> 虽然从事极限运动的运动员很容易被贴上"无畏"或"任性"的标签，但无论是我为构思技巧而花费的无数个小时，还是在泡沫坑里和安全气囊上度过的无数时间都可以表明情况并

非如此。我们要违反自己的生物直觉，把自己置于风险之中。虽然我们会尽一切努力做好身体上的准备，但再多的安全网模拟训练也无法等同于我们从陡坡上起飞、把身体抛到空中并即将落地时所将面对的雪坡，它是不会讲情面的。我们并非无视恐惧，而是要培养深刻的自我意识，并进行深思熟虑的风险评估，从而与恐惧建立起独特的关系。

这项工作的第一步叫作具象化：在我尝试一个新的技巧动作之前，我会感到胸腔有一种紧张感。我深吸一口气，闭上眼睛。当我爬上巨大的起飞坡道时，我会在想象中伸展我的双腿以最大限度地提高升力。然后，我要在脑海中描绘如何以相反的方向扭转我的上半身，产生扭矩，然后再让它朝另一个方向弹回来。

现在，在我的意识里，我已经是飞在空中的状态了。我在跃起后第一时间就会看到自己的背后，然后身体旋转会把我的视线拽向头顶万里无云的天空。风声如同我耳朵里的一种音乐，每一个360度的旋转都在为我的运动提供音乐般的节拍。当我的脚在我的身体下面时，我就可以在把身体拉到第二个空翻前的一瞬间发现最终落地的地点。当我回到可以面向前方的位置时，我会想象着我的腿在我的脚下摆动，并让雪鞋的前端承载着我的重量碰到地面。我露出微笑，然后睁开眼睛，一个1440度的翻转动作就完成了。

在完成"具象化"的几秒之后，我胸腔中的紧迫感会有一阵上下的波动，然后开始扩散，这个时候，我们已经来到破茧成蝶的关键阶段。兴奋感是肾上腺素的产物，也是我所酷爱和着迷的存在。我既有着对自己安全创造奇迹的信心，也会产生对即将到来的不可预知体验的兴奋感，二者的平衡非常不稳定。我听说这个状态可以被称为"入境"，去年秋天，当我成为历史上第一个完成 1440 度偏轴转体动作的女性双板滑雪运动员时，我就曾体会过这样的心境。

不过，对于这种埋藏在心底的、渴望"证明自己"的感觉，运动员既可能会选择压制它，也可能选择强化它，而这很大程度上要取决于他们的自信心。作为一个刚刚成年的女运动员，我对于这方面还是很有些自豪的，我可以增强自己的自尊，并尽量减少自己对于外界期待的需求，从而控制我身边的压力。无论孤身一人还是面向整个世界，我都专注于感恩当下、判断当下，并享受体育带给我的快乐。虽说我个人和这个世界的视角总会随着时间的推移而演变，但有一件事是不会变的：无论时间过了多久，在恐惧面前的我都会是一个无可救药的浪漫主义者。

小故事：牧羊人阿卡迪

从前，有一个名叫雅典的小城，这座城市充满了智慧和艺术。在雅典的郊外，住着一位名叫阿卡迪的年轻牧羊人。阿卡迪生活俭朴，心地善良，每天都在照顾着他的羊群，过得十分快乐。

有一天，阿卡迪的羊群受到了狼的攻击，他拼尽全力才把羊群保护下来。但是，这场意外使阿卡迪的身体和精神都受到了严重的创伤。他的双腿颤抖，无法行走，内心充满了恐惧。阿卡迪的病情渐渐传遍了雅典城。城里的智者们纷纷前来为他治病，但是阿卡迪的病情并没有好转。这时，一位智者找到了阿卡迪，告诉阿卡迪："想要治愈你的身体和心灵，你必须自己去寻找疗愈之道。"智者送给阿卡迪一个魔法哨子，并告诉他:"当你吹响这个哨子时,你会看到你的内心。你会明白,真正的疗愈之道在于你自己的心。"说完,智者便消失了。阿卡迪依照智者的指示,吹响了魔法哨子,他看到自己在保护羊群时,展现出了勇敢和智慧。他意识到,他的恐惧源于内心的无力感。他明白了,要战胜内心的恐惧,他需要学会相信自己。阿卡迪开始努力练习哨子,每天吹奏的时候,都会回忆起自己保护羊群的场景。渐渐地,他的内心充满了力量。终于有一天,当他再次吹响哨子时,他发现自己已经痊愈了,他的双腿恢复了力量,他的心灵也变得宁静而坚定。阿卡迪意识到:"真正的疗愈并不是他人给予的,而是自己内心的力量。"每个人都有内在的疗愈力量去克服恐惧,相信自己的心,用心去感受恐惧,找到内心的平静和力量。

小故事:智者的自由

某次战争中,一支军队控制了某个村庄,村子里的人都跑了,只有一位老者留下了。军官看到老者,想让老者服从他,老者却不肯低头。军官拔出剑指着老者说:"蠢货,看不见吗?不服从我,我可以用剑刺穿你的喉咙。"老者眼睛都没眨一下,说:"哪怕你用剑刺穿我的喉咙,我也不会眨一下眼睛。"这才是真正的自由,因为老者心中没有恐惧。如果我们心中没有恐惧的东西,就不会被恐惧背后的东西所控制;如果我们害怕剑,剑的背后就有一个暴君试图控制我们。

第七章
爱是人生的修行

《康熙字典》解释"爱"：仁之发也。从心旡声。又，亲也，恩也，惠也，怜也，宠也，好乐也，吝惜也，慕也，隐也。又，《孝经·谏诤章》〔疏〕：爱者，奉上之通称。又，《謚（shì）法》：嗇（sè，爱惜）於赐与曰爱。

爱是一种强烈的、积极的情感状态。爱代表着对人或事物有深切真挚的感情，是一种深刻喜爱的情感。这种感情起源于人和人之间的亲密关系或者人和事物之间的深切连接，也可以起源于钦佩、慈悲或者共同的利益。一般来说，爱会带来温暖的吸引、强烈的热情及无私的付出，即所谓"嗇於赐与曰爱"。

第一节　中华优秀传统文化中关于爱的智慧

一、孔子的仁爱观

孔子思想的核心就是"仁"，而"仁"的基本含义是"爱人"。《论语·颜渊》中有：樊迟问仁，子曰："爱人。"《国语·周语》中提到"爱人能仁""仁，所以保民也"。这里孔子回答了仁与爱的关系。

孔子主张的爱是有度的爱，对不同的人付出的爱也不同。比如孔子特别强调，如果父母去世了，作为子女要服三年之丧，倘若是外人，就没有必要。"期之丧，达乎大夫；三年之丧，达乎天子；父母之丧，无贵贱，一也。"（《中庸》）

《中庸》讲："仁者人也，亲亲为大。义者宜也，尊贤为大。亲亲之杀，尊贤之等，礼所生也。"意思是仁就是爱人，爱亲族是最大的仁。义就是事事做得适宜，尊重贤人是最大的义。至于说亲爱亲族要分亲疏，尊重贤人要有等级，这就是礼的要求。可见孔子所认为的仁爱是要爱得恰当，要符合礼制，要首先爱自己的父母，即"君子务本，本立而道生。孝弟也者，其为仁之本与。"（《论语·学而》）然后再爱别人。连自己的父母亲人都不爱，还能爱别人吗？还能有家国情怀吗？

孟子继承了孔子的仁爱思想，进一步指出"仁者爱人，有礼者敬人"。孟子认为人之所以为人，是因为人人具有"恻隐之心"，"恻隐之心，仁之端也"。人有了恻隐之心，才能做到"老吾老以及人之老，幼吾幼以及人之幼"，这是推己及人的社会观，在此基础上提出了"仁政"思想。《孟子·公孙丑上》中提到："以力服人者，非心服也，力不赡也。"孟子反对"以力服人"的霸政，认为以力服人者，非心服也，提倡"以德服人"的王道。儒家的仁爱思想在孔子仁爱思想的基础上得到了进一步的发展。

可见，孔子的"仁"以爱亲为本义，以血亲之爱为根本。孟子在孔子血亲之爱的基础上，发展为爱人民、爱世界。"亲亲而仁民，仁民而爱物。"（《孟子·尽心章句上》）

《孔子家语·好生》记载了《君子以剑自卫乎》的小故事。

子路戎服见于孔子，拔剑而舞之，曰："古之君子，以剑自卫乎？"孔子曰："古之君子，忠以为质，仁以为卫，不出环堵之室，而知千里之外。有不善，则以忠化之；侵暴，则以仁固之。何持剑乎。"子路曰："由乃今闻此言，请摄齐以受教。"意思是有一天，子路身着戎装来拜见孔子，见到夫子后，拔起剑就舞了起来，问："夫子，古时的君子，也是用剑来自卫的吧？"孔子答道："古时的君子，以忠义为人生追求的目标，用仁爱作为自己的护卫，不出斗室却知道千里之外的大事。有不善的人，就用忠信来感化他；有暴乱侵扰的人，则用仁义来使他们安定。这样，又何须持剑使用武力呢？"子路听了非常敬佩，感慨道："我今天才听到这样的话，我愿从今以后至诚恭敬地向您求教！"

这则小故事让我们看到孔子的仁爱思想是一种无私利他的高尚道德境界。

小故事：孔子的仁爱

《论语·宪问》第十六章，子路曰："桓公杀公子纠，召忽死之，管仲不死。"曰："未仁乎？"子曰："桓公九合诸侯，不以兵车，管仲之力也。如其仁，如其仁。"意思是子路说："齐桓公杀了公子纠，召忽自杀以殉主，但管仲却没有自杀。管仲没有成仁吧？"孔子说："桓公多次召集各诸侯国的盟会，不用武力，都是管仲的功劳啊！他的仁在这里，他的仁正是在这里。"

管仲的一生有很多争议的地方，如何正确评价管仲？孔子认为管仲帮助齐桓公九合诸侯，匡扶天下，百姓富裕，社会发展，他的功绩已经载入史册，这就是仁。

二、墨子的"兼相爱"

墨子（前476—前390），名翟，春秋宋国贵族目夷的后裔，曾担任宋国大夫。中国古代思想家、军事家，墨家学派创始人和主要代表人物。

儒家"仁者爱人"强调人性本善，通过德政与教化实现和谐；墨家"兼相爱"主张无差别爱，强调功利主义和尚贤尚同。

墨子主张兼爱非攻、尚贤尚同，提出了以"兼相爱、交相利"为核心的社会理想。

一是无差别的爱。

墨子明确提出了"兼相爱"的命题，即主张人与人之间应该无差别地相爱相利。在墨子看来，天下之乱源于人们之间的不相爱，而要实现社会和谐，就必须打破血缘、亲疏、贵贱等界限，实现人与人之间无差别的爱。

这种无差别的爱遭到了质疑，看看墨家是如何反击的。

有人质问墨子门人说："天下的人是无穷的，说兼爱，爱得过来吗？"

墨子门人回击道："人如果没有充满无穷的地区，就说明人还是有穷的，数尽有穷的数目并不困难。人若是充满了无穷的地区，那就说明原来无穷的地区是有穷的，那历尽有穷的地区也是可能的。"

另一种反对声音说："墨家不是讲爱吗？既然要无差别地爱每一个人，那为什么要'杀盗'呢？"

对于这种说法，墨子门人在《小取》中回击："获之亲，人也。获事其亲，非事人也。其弟，美人也。爱弟，非爱美人也。车，木也。乘车，非乘木也。船，木也。人船，非人木也。盗人，人也。多盗，非多人也。无盗，非无人也……杀盗人，非杀人也。"意思是车船都是木头做的，乘车船却不是乘木头；弟弟是帅哥，但爱弟弟不是爱帅哥。由此推论，将盗排除出了人的行列，所以杀盗不是杀人。

有一个墨子喻巫马子的故事。

巫马子是《墨子怒耕柱子》中的一个辩论人物。巫马子对墨子说："您兼爱天下，并没有什么好处；我不爱天下人，也没有什么害处。既然都没有什么效果，您为什么就觉得我是错的呢？"墨子说："现在有一个地方着火，其中有一个人端着水想要浇灭火；而另一个人却举着火把，想要将火烧得更旺盛。都还没有产生什么实际效果，您更赞同哪一个呢？"巫马子说："我同意端水之人想法，而不同意那个举火的想法。"墨子说："我也觉得我是对的，不认为你开始说的是对的。"

上面的辩论体现了墨子的"兼爱"思想，墨子之所以认为巫马子是错的，是因为他的思想是利己主义，墨子认为利己主义不应该得到提倡。墨子最常用的就是这样的举例论证。这种问答方式，也是墨子特有的逻辑方式，让对方在不知不觉中按照自己的意思走，从而达到说理的目标。

以下是有关无差别的爱的小故事。

国王前往拜会一位智者，国王坦诚地问智者："老师，你常讲爱得越深，痛苦越多。虽然我可以理解里面的一点道理，但我总觉得有点不安。没有爱，生命还有什么意义？请替我解决这个问题吧。"

智者望着国王："陛下，你问得很好，很多人都会因你这个提问而得益。爱有很多种，我们先要细心认识每一种爱。生命里需要有爱的存在，但不是那种掺杂色欲、情欲、执迷、有分别心和偏见的爱。陛下，有一种爱是生命里非常需要的，那就是无差别的爱。"

"一般人所说的爱，只限于父母、子女、夫妇、家属、宗亲和国民的互爱。这种爱的性质，都是依着'我'和'我的'的观念而产生的，人人都只想爱他们的父母、配偶、子女、孙儿、亲属和国民。"

"就是因为被困于执着之中，他们往往在事故还没有发生时，已经开始忧虑意外降临在心爱的人身上。当意外真的发生时，他们便会伤痛至极。这种爱会产生偏见，人们对于他们圈子之外的人，可能变得毫不关心甚至歧视排斥，执着与分别心是导致自己和他人受苦的根源。"

"陛下，真正的爱不限于对自己的父母、配偶、子女、家属、宗亲和国民。这种爱，是遍及所有人的。"

"真正的爱只会带来快乐，减轻痛苦，而不会带来忧伤苦恼。没有这种无差别的爱，生命便真如你说的没有意义了，有了无差别的爱，生命必会充满平和、喜悦和满足。陛下，你是一国之君，若你拥有无差别的爱，你的人民必定受惠。"

国王低头深思，然后再抬起头来问智者："我有家庭和国家要照顾，如果我不爱我的家庭和国家，那我怎能照顾他们呢？请替我阐明这点。"

"你当然应该爱你的家庭和百姓，但你的爱是可以伸展到他们之外的。你爱你的孩子，但这并不意味着你就不能关心其他的孩子。如果你爱天下的孩子，你就把有限的爱心变为无限广大的爱心，而天下的孩子都将成为你的儿女。"

"别国的孩子不在我的管辖下，我又怎能表示对他们的爱呢？"

智者望着国王："一个国家的兴盛与安全，不应该建立在别国的衰弱和动乱之上。陛下，持久的太平盛世，有赖所有国家的合作。如果你想你的国家永享太平，不希望你国内的年轻人战死沙场，你一定要帮助其他国家保持太平。"

国王惊叹："妙极！请允许我再问一个问题。一般的爱，都含有分别、欲念和执着，依你所说，这些都会带来忧悲苦恼。但人又怎可以无欲无执地去爱呢？我对子女的爱，该怎样避免忧虑和痛苦呢？"

智者答道："爱应该给所爱的人带来幸福。如果爱存有私心，就不可能给他们带来快乐。相反，他们只会感觉被捆绑，这种爱是一种牢狱。当所爱的人不觉得快乐时，他们便会想办法释放自己重获自由，他们不会接受被捆绑的爱，这种爱会逐渐变为恨。有个儿子结婚时，母亲觉得自己被抛弃。她不觉得儿子娶妻能让自己多得一个女儿，反而觉得失去了儿子，因此由爱生恨，在这对夫妻的食物中下毒，把他们毒死。"

"陛下！没有了解就不可能有爱。爱就是了解。彼此不了解的夫妇，是不会相爱的；不了解的兄弟姐妹，也不会互相爱护；父母子女没有彼此了解，也很难互爱。假使你想让你所爱的人快乐，你一定要去了解他们的苦恼与期望，帮助他们疏解苦恼和达成愿望，这才是真爱。如果你只是要他们跟随你的意愿而忽略了他们的需要，这是占有。"

"陛下！众人都有他们的苦恼和愿望，如果你能了解这些，你便是真的爱他们。朝廷里百官也有苦恼和愿望，你了解这些苦恼和愿望，便可带给他们欢乐。为此，他们会一生都忠心于你。当每人都享受着平和、幸福和喜悦时，你自己也就感受平和、幸福和喜悦。"

国王被深深感动。过了一会儿，他抬头对智者说："我很感激你赠给我的至理名言，但仍有一件事困扰着我。你说基于执欲之爱会带来痛苦烦恼，而基于无差别的爱可带来平和幸福。我虽然看到无差别的爱的无私，但我仍认为它会有痛苦烦恼。我爱我的人民，当他们受到如干旱、洪涝等灾害的摧残时，我也感同身受他们的痛苦。我相信你也会这样反应，你看到别人生病或死亡时，你一定也感到痛苦。"

"又是一个很好的问题。首先，你应该知道因欲望之爱所带来的痛苦，要比因无差别的爱带来的痛苦多上千倍。有两种痛苦需要辨别，一种是完全没用并且纷扰身心的；而另一种则是滋长关怀和责任感的。"

"在面对别人受苦的情形时，基于无差别的爱，可以帮助我们发出正面反应的能量；而基于欲望之爱，则只会制造焦虑。无差别的爱所产生的苦痛，是一种有能力帮助别人的苦痛。"

国王的心里充满谢意，起来向智者鞠躬行礼。

有一个化爱情为慈悲的小故事。

国王最心爱的王妃死了，国王万分悲伤，不吃饭、不喝水，无心管理国事，每天只是流泪哭泣。

国王不能忘怀旧日的恩爱，命令大臣将王妃的尸体浸在麻油里，不能让她腐坏。他每天对着尸体说："这张嘴怎么不向我说话呢？这双手怎么不来抱我呢？亲爱的，你怎么不看我一眼呢？"

大臣们劝谏国王不要过度悲伤，国王听不进去。大臣们向国王建议去见一位智者，会对国王有帮助。

国王想去问智者有没有办法让王妃活过来，于是前往见智者。

智者折了一根树枝，对国王说道："国王，把这树枝带回供在宫中，要它永久常青，不要枯萎，能吗？"

"这是不可能的，它已离根了，是不能再活的。"国王回答。

"王妃寿命终了，要她再活过来，这怎么能够？"

智者进一步说道："国王，你是国王，是全国人民所有，不是你王妃一人的，你应该把爱王妃的一念，扩大开来，爱你全国的人民。"

国王听后得到开解，不再悲伤，向智者顶礼告别，回宫安葬王妃，整顿国政。

二是功利主义的考量。

墨家虽然强调爱的普遍性，但这种爱并非空洞的、无条件的。墨家认为，"交相利"是实现"兼相爱"的必要条件。即人们在相互关爱的同时，也要追求相互之间的利益最大化。这种功利主义的考量，使得墨家的"兼相爱"更加贴近现实生活，具有更强的实践性。

《大取》中说："断指以存腕，利之中取大，害之中取小也。害之中取小，非取害也，取利也。"这是墨家"取利避害"文化思想的体现。但墨子的功利主义更多的是倾向于利他与利绝大多数。这从"忠，以为利而强君也""孝，利亲也""功，利民也"这些说法中可得到佐证。

确切地说，墨子的思想虽然讲究"功利"，但是"利己"却是被排在最后面的，墨子更希望通过利他人而形成一个友善的社会关系，通过友善的社会关系形成友善的国家，最后再由友善的国家反哺到自身，使自身获得应得的好处。

有一个墨子为木鸢的典故。

木鸢又称风筝，而它的发明人是墨子。相传墨子花了三年的时间才做好了木头老鹰，但却只飞了一天就坏了。而鲁班削竹就做成了喜鹊，让它在天上飞，三天都不落。墨子对鲁班说："像你这样做喜鹊，还不如我做车辖，我用三寸的木料，片刻就砍削成了，还能负载五十石的重物。"墨子的意思是鲁班没用多少工夫就做出了能飞三天的鹊，但却没有什么意义。人应该巧妙地运用一些方法，使之对己对他人有利，善于增加利的能力才叫本领。

三、老庄的大爱不爱观

道家思维以顺应"道"为主，强调人与自然的和谐关系，是非常客观地思索人的渺小和宇宙的博大。所以老子讲要复归于婴孩，返璞自然，无为而治；庄子讲万物齐一论。道家始终在寻找客观世界的道，主张顺其自然，不能强行干预。因此道家认为爱也应该是自然的、内在的、真诚的、和谐的。这就是道家倡导的"大仁不仁""大爱不爱"。老子讲"天地不仁，以万物为刍狗，圣人不仁，以百姓为刍狗"。天地没有仁爱，对待万事万物就像对待刍狗一样，任凭万物自生自灭。正因为任凭万物自生自灭，才顺应了自然的道，这种不仁，才是真正的仁。

《庄子》中有一个故事，讲了过分的爱令人窒息的道理。

> 南海之帝为儵（shū），北海之帝为忽，中央之帝为浑沌。儵与忽时相与遇于浑沌之地，浑沌待之甚善。儵与忽谋报浑沌之德，曰："人皆有七窍以视听食息，此独无有，尝试凿之。"日凿一窍，七日而浑沌死。

中央之帝混沌对南海之帝儵和北海之帝忽非常好，于是儵和忽想要回报混沌。他们看到混沌没有七窍，就费尽九牛二虎之力，为混沌凿出了七窍，结果混沌死了。

这个故事告诉我们，很多时候，过分的爱是令人窒息的。道家的爱是自然的，是宽容的，是给予空间的。这就不难理解庄子死妻，鼓盆而歌。道家的情爱观是顺天而行。

《庄子·至乐》记载了鲁侯养鸟的故事。

> 昔者海鸟止于鲁郊，鲁侯御而觞之于庙。奏《九韶》以为乐，具太牢以为膳。鸟乃眩视忧悲，不敢食一脔，不敢饮一杯，三日而死。此以己养养鸟也，非以鸟养养鸟也。

早先有只海鸟飞落到鲁国京城郊外，鲁侯闻之，派出仪仗队将它迎进祖庙供奉，给它敬酒，演奏《九韶》使它高兴，准备牛羊猪的肉作为它的食物。海鸟却眼睛发花，心情悲伤，不敢吃一块肉，不敢喝一杯酒，三天后就死了。这是因为鲁侯用供养自己的办法养鸟，不是用养鸟的方法养鸟。

人与人，物与物，差异很大。你认为最好的，人家可能觉得不好，甚至可能觉得很差。以己度人，也不完全对。鲁侯养鸟，把鸟当成人，鸟不死才怪。道家尊重自然，大爱不爱。

四、中医养生的最高境界是爱

中医认为生命离不开爱，健康离不开爱，爱是天地之间的正能量，爱是每个人之所以活着并且活得有价值的基础。《黄帝内经》认为，心脏是人体的"君主"，掌管着血液的运行和情感的表达。拥有爱的能力的人，心脏往往更加旺盛，血液循环更加通畅。常常通过语言和行为表达爱意的人，不仅能增进彼此间的感情，还能给心脏带来正面的刺激，提高心脏的功能，调节气血的流畅运行，平衡内分泌系统，维护五脏健康和促进精神健康。

中医认为爱是有物质和能量的要求的，如果你的心气是足的，而且心肠又足够热，你才会有爱心。这种爱心第一是爱自己，有额外的能量会关怀你的家人，再有额外的能量会爱周围的人，进而爱社会爱国家。很多人身体出了问题，其实并不是因为他体质不好，而是因为他心气不足，内心不够强大，不会爱自己，也不会爱别人，每天就会闹情绪，每天都不快乐，渐渐地身体就会越来越差。

小故事：神农之爱

神农是传说中的三皇之一。远古时候，百姓吃野菜、喝生水，采野果充饥、吃螺蚌肉果腹，经常受到疾病和毒物的伤害。在这种情况下，神农尝遍各种草药，辨别植物的毒性和药性，告诉人们要避开有毒植物，并为人们治病。后人托名写下了《神农本草经》，这是中国现存的第一部中医药著作。

小故事：杏林的来历

汉末三国时期的名医董奉，曾隐居在江西庐山上行医，但他从不索要报酬。每治疗一个重病人，他就让病人在山坡上种五棵杏树；被治愈的轻病人则种一棵杏树。几年后，庐山周围的杏林多达 10 万株，上有百鸟鸣唱，下有群兽戏游。当杏子变黄时，他在林中建了一个谷仓，告诉人们：不用付钱，只要带一筐米，就可以换一筐杏子。因为对董奉的尊重，很多人都来拿米换杏，而且很自觉地不多拿杏。作为回报，董奉把他收到的米送给了穷人。后世"杏林"一词被用来指代中医行业。董奉和华佗、张仲景并称"建安三神医"。

第二节　现实启示

　　繁体字"愛",中间有一个心,意味着"愛"必须有心,有启动灵魂的能量。"愛"能给双方带来持久的正能量。

　　从生理学角度,人的大脑中释放出的多巴胺、催产素、氧化亲和素、睾酮和血清素等化学物质会刺激人们的神经系统,从而增加人与人之间的亲密感。

　　从心理学角度,与其他哺乳动物相比,人类在最初的生命阶段都依赖父母的帮助。因此,爱最初表现为父母为了孩子成长的付出,正是这种付出,让人类的幼崽可以得到很好地保护,人类得以繁衍生存。这种爱是美好的,为什么有人感到痛苦?痛苦往往来自"愛"的能力的缺失,培养爱的能力非常重要。

一、爱是需要学习的

　　"爱"是一种能力,有人把"爱"的能力比喻成弹钢琴,弹钢琴是需要学习锻炼的,如果一个人没有学习过琴谱、指法,怎么会弹奏出美妙的音乐。有人把"爱"的能力比喻成绘画,一个人不是因为找到绘画的对象就会绘画了,需要对线条、色彩进行长时间的学习实践。爱的能力也是需要学习锻炼的。如何锻炼?

　　一是拥有述情能力。

　　述情能力是指用不伤害关系的方式表达自己的需求、想法和感受。

　　看看美国玫琳凯化妆品公司的创始人玛丽·凯是如何表达自己的想法的。

　　美国玫琳凯化妆品公司在初建时只有九个人,20年后公司已经发展成为拥有20万名员工的国际性大公司。它的创办人玛丽·凯被人们称为美国企业界最成功的人士之一。玛丽一直严格地遵循着这样一个基本原则，批评员工时，必须找出一点值得表扬的事留在批评前或批评后说，绝不可只批评不表扬。

新来的女秘书打字总是不注意标点，令玛丽很苦恼。有一天，玛丽对她说："你今天穿了这样一套漂亮衣服，更显示了你的美丽大方。"那位秘书突然听到老板对她的称赞，受宠若惊。玛丽于是接着说："尤其是你这排纽扣，点缀得恰到好处。所以我要告诉你，文章中的标点符号，就如同衣服上的扣子一样，注意了它的作用，文章才会易懂并条理清楚。你很聪明，相信你以后一定会更加注意这方面的！"

可见，述情能力的重要性。

现实中非常糟糕的是人们往往缺少高水平的述情。

一种情况是有意见不沟通，闷在心里生气，等到忍不住爆发了，冲突就升级了。另一种情况是用抱怨和指责的方式去述情。当我们采用抱怨和指责的方式述情，对方会本能地自我辩护，双方会陷入对立状态，会导致冲突升级，会撕破脸发泄，形成死循环。

需要认识到，抱怨式述情与指责式述情的内涵是有差别的，当我们表达不满时，用指责的方式远比抱怨更伤人。因为有的抱怨可能是建设性的。人们在抱怨的时候，常常会对特定的问题发表评论，这就是对某个问题的看法，是"对事不对人"。此外，抱怨的内容很可能是准确的，这些问题很可能反映了事实。当一个人抱怨的时候，更多包含的是自己的要求和需求。

指责就不一样，指责是消极的，因为指责是一种判断。在你指责对方的时候，你会对对方做出负面的结论，并且用这个结论来攻击对方。指责也是非进步方向，包含了轻视的情绪。心理学上有个定律，叫指责定律，说的是当我们用一个手指去指责别人时，别忘了有三个手指正指向自己。意思是当我们在指责别人时，往往忽视了自我批评的重要性。这个定律强调，在指责他人之前，我们应该先反省自己，因为指责别人通常比较容易，而自我反省则更加困难。

可以说抱怨和指责是消极的述情方式，是个死循环。

如何解决抱怨与指责的问题？

一是要制作一个抱怨与指责清单（见表7-1）。

表7-1　抱怨与指责清单

问题	选项
你一天要抱怨多少次	1次□　2次□　3次□　4次□
你一天要指责多少次	1次□　2次□　3次□　4次□
这种抱怨与指责只是为了发泄一时的情绪吗	是□　　不是□
在抱怨与指责的背后是你感受到了受伤、恐惧等情绪吗	是□　　不是□
抱怨与指责他，是你需要认可他。认可他对你很重要吗	是□　　不是□
抱怨与指责他，是你需要被他认可。被他认可对你很重要吗	是□　　不是□

现在你知道抱怨与指责背后的原因了，我们再制作一个解决抱怨与指责问题的清单（见表7-2）。

表7-2　解决抱怨与指责问题的清单

问题	选项
这次抱怨与指责有效地解决了你的问题吗	是□　　不是□
这次抱怨与指责给你自己的精神、身体造成伤害了吗	是□　　不是□
抱怨与指责给被抱怨的人造成伤害了吗	是□　　不是□

续表

问题	选项
抱怨与指责，让你付出和得到的比例是否能让你满意	是□　不是□
能否越过抱怨与指责的阶段，直接表达你的受伤、恐惧及想认可他或被他人认可的情绪感受	能□　不能□

现实中尽可能提高自己的述情能力，让自己舒服，也让别人舒服。

二是拥有共情的能力。

共情能力是指体验别人内心世界的能力，理解并支持对方，善解人意。

《孔子家语·致思》中讲了一个孔子共情的小故事。

> 孔子将行，雨而无盖，门人曰："商（子夏）也有之。"孔子曰："商之为人也，甚吝于财。吾闻与人交，推其长者，违其短者，故能久也。"

孔子有天外出，天要下雨，可是他没有雨伞，有人建议说："子夏有，跟子夏借。"孔子说："不可以，子夏这个人比较吝啬。我借的话，他不给我，别人会觉得他不尊重师长；给我，他肯定要心疼。和人交往，要借重别人的长处，回避别人的短处，这样才能长久。"

可见，孔子拥有很强的共情能力。

《西游记》中，在孙悟空保护唐僧取经的过程中，佛祖批评孙悟空的三句话，句句充满了共情智慧：

> 你这泼猴，一路以来不辞艰辛保护师傅西天取经，这次何

故弃师独回花果山，不信不义。去吧，我相信你定能发扬光大，保护师傅取得真经。

孙悟空不在乎自己出了多少力，不在意自己做了多大的贡献，他心里想得到师傅唐僧的肯定，可师傅就不说肯定孙悟空的这句话，孙悟空心中充满了委屈。佛祖了解孙悟空的心理，佛祖的这三句话既肯定了孙悟空前面保护唐僧的巨大贡献，又批评了他这次的不仁不义，点明了犯错误的严重性，最后提出目标和期望，恰到好处地激励了孙悟空的斗志。佛祖拥有无与伦比的共情能力。

三是允许一切发生。

有的人不接纳真实的对方，想要控制对方，或想改变对方，这会让双方都痛苦。允许对方跟自己不一样，才能给对方做真实自己的机会和空间。作家李梦霁在《允许一切发生》一书中写道：真正的强大不是对抗，而是允许一切发生。生命不过是一场日趋圆满的体验，尽兴此生，输赢皆有意义。生如长河，你要自渡。

小故事：史铁生的一生

1951年，史铁生出生在北京。少年时期他是远近闻名的好学生，考上了清华大学附属中学。当时的史铁生第一喜欢田径，第二喜欢足球，第三喜欢文学。史铁生那时还是学校里的跨栏健将。

1969年，史铁生在延安插队。这期间，他先天性脊柱裂的毛病开始加重，几度回京治疗。几次治疗虽然保住了性命，却再也不能站起来，只能依靠轮椅生活。史铁生曾讲："我老想，不能直立行走岂不是把人的特点搞丢了？便觉天昏地暗。"

他曾讲："等到生出褥疮，只能一连几天七扭八歪躺着的时候，才知道原来端坐的日子是多么晴朗。"

"诸位在中啊，有田千万，为何不分给一位妹妹阿姐，却同一个老头子挤在一起？"

爸爸瞪了他一眼，不屑地说："我倒听人说："老老小，请之乱，你老了，就有几无义，还要再生化，如果再生化，请之郑诚。"难道你也要搞乱乞亡行，不因人伦分家，做那逆伦倒行逆施，连廉耻也故事都要再记乱乞亡了。爸爸的儿句话，她田无言可借满面红色生羞来，无地自容，只好欣次告退。

其有记载：齐景公有个女儿，书经貌美，编缘给爸爸。有一天，齐景公到爸爸家里来，她在上耕草，看见父亲一位白人筹拳而来，便明知故问："这都是您的妻子吗？"爸爸点头称是。

齐景公就在旁边说："咦哇，怎么这样老，其且又老问："这就是您妻子的兄弟吗？"爸爸又说目有个小儿子，"随意就会地哭天了。

爸爸一听，弓上就了起来，她愤愤您您地来：对一个儿子。" 爸爸又难看，但她和她已经生活了长多年，她也诉诉地那漂滞，己是朱满面都能所成大，才在您母女父的嫌绿棘。他对这姐说，我不能害失她的：" 搞苦，爸爸又说："不论在何人，我各随其各自的所欢就非各的那难看，我能难怪主义的对吉，但是万万不能从戈!" 说完，就有声也有如离之大义，也只好性弃。

三、真爱与婚姻无关

世界上没有任何人，也问比名誉来等无名的，我认为未是一件比情色等都能对事情，"我有姻，有目视志，姻也。"（《花语·春华》）在国家和成君王心中臣，在王身爱可的事情，所以臣子夭天就人们争抢来的。"君君有君时，民谓孝善可时的事情，所以臣子夭天就人们争抢来的，"君知君母之心，有如此之之。"（《花语·春华》）所以，君姐是人们日前的教授，不管是不了儿的晏样是是君姐的衣服，都不该叫他们是孔子的欢乐者，

第七章 智慧人生的修行

丰持对方的尊重，可以是在已经经上精神以上，也可以是精神上的支持。

这就是慈悲的行为。

爱可以没有其他，但行为却是慈悲的表达方式。

小故事：精雕之爱不长久

当年，刘邦为几个爱姬，接王姐一路追杀，由北向南日夜兼程。途中，刘邦手下有小小来都的大姐不肯苏你，待流到危险时，来都来都在中，刘邦多次把她们的孩子踢下车以减轻负重，但是终于被王姐军追上。

刘邦敌不过，只能带着来都和他们一个残留的儿子被抓。

被抓的他们来被请同情来都，而且非常悲戚，待来都敌来知道了。待没有想到的是，来都虽不顾他说，但为刘正视，待来刘敌恰恰很反乱，殃殃为非全妻，来都非常悲戚，日子了一天，两人便立了了殉直的感情。

刘家对方，两人便有为夫妻。

但来敌那随刘家敬北上后，终于很刘敌得了下。

刘敌那随刘家病，才转知道，只有一件事便便被放心不下，刘敌有个和他，可中来看，结日因因失去，刘敌多次欢送人给他辨来，他却和他不妨意。

后来，刘敌待的那种得了大风，他很，抱着每晚，连着敌不下眠。于是，刘敌找到她跟走了笔记，那就并把她和他一起养多少？其实，来敌的他对于得有自己见识，那难他妹和他相连多有时，便把人都来都来。他知来知所说：“着有之义不可忘，糟糠之妻不下堂。"同刘等那刘多年来跟他的说，刘敌却被来知为去识的人所敬动。

不以貌有妻色，是攀我了妇。

小故事：着敌敌不是妻

有一天，齐国大夫四子乘坐着马车从朋门外，车着着敌的车夫，上千打精作。这时，朋外走出一位妻人，其亲就是，车者我相在太跟，车着敌擦擦着有的，田子乘擦擦传来跳小人走过去，问着镜：“刚才那位在刚人是谁啊？”着镜说："他是我的丈夫了。"田子乘便擦大笑，说："

并意识到他的宝贵经验。

一次，那里的孩子看我拿来种来转多，自己挣一间待多，就兴奋得自己满在给有效为，才忠对他，便对他说："你能在家做其他有我的事就来好了，你应该向他善等学习。"我把他搞其他的有我做了，自己善在弹钢琴也上柴露头角。

他的又来和持要他在因为这使他的搞哨，以情薄都看自我，其有助大努力，在家的搞影引导下，自己善在这文来上经情了巨大的效碟。

小孩事；当化魂的能量

当化麟者比汉填化巡，其内心的力量都是非常强大。既来家庭的被狂其目自幼教育其他的因素低让他养没了很家劲力的情格小样；行事事测，对又等去加的努力；自等的因期不情此地上提供有期去的能力；又对的因那给他养成了广泛的乐志力；公因的家理治给他对击场和酸情的周嚣力；他有上的记名很水已经展使一个人一个人，它要让他对市场和酸情的周嚣力；他会上的记名很水已经展使一个人一个人，它要提供五的类响能，豪的类响，煎响他人，接来越多的人跟随他。

这些故事告诉我们，一个人能够影响他人，自身一定期有宏观酸的事和次心。

二、爱是需要行动的

传说改代的数小拆医特别熟爱，用小女亲来中了一个该的眉角，等到她长大嫁其水做这之后，所说那个女孩因有病有颜色，没少来来，丁是自己上丁排某，其他，日日为筆下湿用。

爱是一种光是的语言，它不需要其他来来达，但是通过行动来传递。没我们签一个身，我们还用行动来接见我们美怀和付出。行动远凯依其实的赤况为大。

他说其：："后来睡不了觉难耐，看着父亲活活这样受不能睡眠，才捐献以救的日子是多么令人向往。"

为了维持生命，索朗卓玛必须每隔三四次接受透析。

因对命运，他无能为力，只能充分开一切生机。

在极其艰难的情况下，他恩写了几天零的文稿件品。在《我与妈妈》中，索朗卓玛写道："死是一件让我颤栗名做的事情，是一件无比无比告讲难的也不会停的故事，一个永远会离世的节日。"

2010年，12月31日凌晨，索朗卓玛因突发病出血在北京某某医医院名世。根据遗属，不举行遗体告别仪式，器官相赠给医学母究。12月31日清晨6时许，其世随接搬悲的无憾的一位病人。

她的意义，由其熟虑接动一切的不放弃，无不反一切的发生，也是一位无无与他携。也是一位无无比与他无无比与他无不为搬受难并一场生命的放歌小。

四是拥有艺术影响力的人。

人与人交往，常常表现着力与受者力的代换看。不是你艺术影响他，就是他艺术影响你。莱翁说："既光是来养，还需求索，再和他咱清楚，也他们艺术影响他。"（傅雷《文子小家书》）

那么我们自己之代，能艺术影响别人艺术影响他，按是否是艺术

在古为长的艺术影响力。一个人即便不居著艺术影响他，乃至可用一种为别人

让我们因为受到他的艺术影响也就看重有看，就长得看，都着我们且且

愿意接受的方式，艺术影响他的前程和行为。

什么样的人有能力艺术影响他人呢？

一个有艺术影响他人的能力，必须来自他有自己的能看和光光芒。

既因需是北时的那出入太尊和那波治家，也用他代那州地方其时，

据说出了有耀的力来。一个叫自己公寓的存在人们感到他的力来。那麼他

子。拥有财富的数量与品德不是正比关系，贫穷并不代表品德不高尚，并不代表不能从生活中得到爱与快乐；富裕同样不能代表品德高尚，并不代表就一定会得到爱与快乐。贫穷或富裕不是获得爱与快乐的必要条件，同样也不是爱的外在证据。我没有钱，但这个世界上存在着巨大的不用花钱就可用的资源，我依然可以去爱、去美、去善良、去快乐、去孝顺父母，这样整个人就不会被金钱牵着鼻子走，就会松弛下来，就不会活得那么累。

《简·爱》里女主人公简有一段经典的告白语录，哪怕距今170多年，听来依然让人心潮起伏。"你以为我穷、长相平庸，就没有灵魂了？你错了，我的灵魂和你一样富有！如果上帝赐予我美貌和财富，我会使你难以离开我，就像现在我难以离开你一样。我们的精神是平等的，正如你和我走过坟墓，一样平等地站在上帝面前！"简一开始也认为"人不能没有钱"，而随着生活的继续，经历了与男主角的一系列事情之后，她才逐渐意识到人的品格更加重要，女性的独立、尊严和平等更重要。在小说的后半部分，简出人意料地获得了一笔遗产，而这时的罗切斯特却变得一贫如洗，成了残疾。简并没有离他而去，而是依然选择了罗切斯特。此时的简对财富不再看重了，她只在意男女平等，只在意纯粹的爱情。正如她所说："我可以孤单地生活，如果自尊心和客观环境需要我这样做的话。我不必出卖灵魂去换取幸福。我天生具有一笔内在的财富，即使外界的欢乐全部被剥夺，或者欢乐需要用我难以承受的代价去换取时，它能使我继续活下去。"简以顽强的生命力，坚守自由、平等的意志，最终收获财富和爱情。

小故事：卓文君与司马相如

卓文君出生在一个大富商家中，家中富贵，自幼学习琴棋书画，长于鼓琴，喜好音律。在某次聚会中，司马相如演奏《凤求凰》：

有一美人兮，见之不忘。
一日不见兮，思之如狂。
凤飞翱翔兮，四海求凰。
无奈佳人兮，不在东墙。
将琴代语兮，聊写衷肠。
何日见许兮，慰我彷徨。
愿言配德兮，携手相将。
不得於飞兮，使我沦亡。
凤兮凤兮归故乡，遨游四海求其凰。
时未遇兮无所将，何悟今兮升斯堂！
有艳淑女在闺房，室迩人遐毒我肠。
何缘交颈为鸳鸯，胡颉颃兮共翱翔！
凰兮凰兮从我栖，得托孳尾永为妃。
交情通意心和谐，中夜相从知者谁？
双翼俱起翻高飞，无感我思使余悲。

　　这是司马相如对卓文君的表白，卓文君一见钟情。但两人的爱情受到卓文君父亲的大力反对，卓文君不顾父亲的反对，连夜奔赴司马相如的老家成都。到了成都老家，只见家徒四壁，一贫如洗。卓文君深知在成都无法维持生活，就与司马相如协商返回临邛，用身上仅剩的银钱租了一处街边酒铺，小夫妻俩一个当垆沽酒、一个刷洗酒具，成了临邛集市上的一处"奇景"。

　　后司马相如离家去京城当官，打算纳茂陵女子为妾，冷淡卓文君。于是卓文君写下《白头吟》《怨郎诗》《诀别书》三首诗。

第七章　爱是人生的修行

《白头吟》

皑如山上雪，皎若云间月。

闻君有两意，故来相决绝。

今日斗酒会，明旦沟水头。

躞蹀御沟上，沟水东西流。

凄凄复凄凄，嫁娶不须啼。

愿得一心人，白头不相离。

竹竿何袅袅，鱼尾何簁簁！

男儿重意气，何用钱刀为！

《怨郎诗》

一朝别后，二地相悬。

只说是三四月，又谁知五六年？

七弦琴无心弹，八行书无可传。

九连环从中折断，十里长亭望眼欲穿。

百思想，千系念，万般无奈把郎怨。

万语千言说不完，百无聊赖，十依栏杆。

重九登高看孤雁，八月仲秋月圆人不圆。

七月半，秉烛烧香问苍天。

六月伏天，人人摇扇我心寒。

五月石榴红似火，偏遇阵阵冷雨浇花端。

四月枇杷未黄，我欲对镜心意乱。

忽匆匆，三月桃花随水转。

飘零零，二月风筝线儿断。

噫，郎呀郎，

巴不得下一世，你为女来我做男。

《诀别书》

　　春华竞芳，五色凌素，琴尚在御，而新声代故！锦水有鸳，汉宫有木，彼物而新，嗟世之人兮，瞀于淫而不悟！

　　朱弦断，明镜缺，朝露晞，芳时歇，白头吟，伤离别，努力加餐勿念妾，锦水汤汤，与君长诀！

　　司马相如看完妻子的信，不禁惊叹妻子之才华横溢。想昔日夫妻恩爱之情，羞愧万分，从此不再提遗妻纳妾之事。两人白首偕老，安居林泉。

四、有爱之人不抑郁

　　调查研究数据表明：抑郁症现在已成为全球健康负担的最大单一贡献疾病，是被世界卫生组织公开预测的"21世纪人类的主要杀手"，有数据显示，全世界大约有3亿人患有抑郁症。可见，抑郁症像一个时刻潜伏在我们身边的带有不致命性病毒的恶魔，能在不知不觉中侵蚀我们的身心，将人一步步拖向深渊。每年都会有无数人中招而陷入无尽痛苦。

　　什么是抑郁症？

　　抑郁症，是一种高发病、高临床治愈率、低治疗接受率及高复发率的精神障碍。其主要特征是显著而持久的情绪低落，有的患者可能存在自伤、自杀行为，甚至可能伴有妄想、幻觉等精神病性症状。

　　抑郁症更大程度是因为缺爱导致的。

　　精神压力大可以引起抑郁症，但抑郁症更大程度是因为缺爱导致的。有些人得不到父母的爱，得不得爱人的爱，得不到子女的爱，被语言暴力、情感暴力伤害，不被理解，不被认可，单靠自己去硬扛或者消化这些不良因素是很痛苦的。有些人能及早意识到问题，找到安慰和爱，可以从抑郁中走出来。所以，很大程度上，抑郁症的本质就是缺爱。

得了抑郁症的人，如同堕入地狱之中，有些不愿想起的事，纷纷渺渺，不断循环、不断重复，时时刻刻折磨你，让你抓狂。得了抑郁症的人，其实都非常聪明，非常清楚自己在做什么，他其实在想，我不应该这样，我应该好好工作和学习。但他管不住自己的内心，管不住自己疯狂的念头，大脑里的念头无法休止，像着了魔一样，只能任由这些念头一遍一遍地折磨自己。

什么是真正的爱？

《道德经·第六十七章》有言："我有三宝，持而保之。一曰慈，二曰俭，三曰不敢为天下先。""夫慈，以战则胜，以守则固。天将救之，以慈卫之。"慈是一种对世间万物的怜悯；慈是一种对人类生命的珍惜；慈是一种谦柔亲和的母爱；慈是一种齐同慈爱的关怀。

拿亲子关系来说，爱孩子，是好好陪伴孩子成长。

英国有一项横跨70年的纪实追踪，从1946年开始，记录下近7万个孩子不同的成长轨迹，试图寻找出让孩子优秀背后的原因。

调查前期，五代人的调查数据揭露出扎心真相：孩子的成长成就受家庭经济水平影响，大多数普通家庭的孩子注定一生平庸。然而调查到后期，另一份数据显示：仍有20%低收入家庭的孩子，最终能够突破家庭环境限制，成功逆袭。这些孩子的共同点就是他们拥有从小陪着他们长大的父母。虽然父母收入不高，但他们用最大的可能关心着孩子，这样的家教环境让孩子变得自信而又勇敢，有勇气和闯劲去改变自己的未来。

朋友圈曾有一句刷爆父母眼泪的抱歉："孩子，对不起，放下工作养不起你，拿起工作陪不了你。"为了生存，妈妈要离开孩子，把孩子放在农村,去城里打工,骨肉分离,这么幼小的孩子离开妈妈的温暖怀抱,不能陪伴孩子长大,这是非常残忍的事情。如果家长走进孩子的内心,你会发现,其实孩子要的并不多,也许只是一个拥抱,片刻的亲密相处,抑或是一句安慰的话,一个暖心的眼神,一段时期的陪伴。很多的父母连这最基本的要求都没办法满足孩子,在孩子的心底没有这些温暖的记忆。

更为严重的是有的父母把自己事业的遗憾、人生的缺憾寄托在孩子身上,把孩子当成弥补自己人生缺憾的最后机会。孩子有自己的想法,也有自己的梦想,每个人喜欢的东西,或者追求的东西,都是不一样的,这样是在浪费孩子的人生。父母的这种补偿心理,会让孩子错失成为他们自己的机会。父母应该为孩子的成长负责,而不是孩子为父母的理想负责。如果父母把自己的遗憾全放在孩子身上,当孩子身处青春期时,他们意识到自己处于一种被掌控的环境中,就会变得很叛逆,父母就很难再靠近自己的孩子了。

第八章
善良是一种宝贵的品质和价值观

"善"字始见于西周金文,古字形由表示吉祥的"羊"和"誩"组成,合起来表示吉祥的言辞。"善"的基本义是美好,特指人的言行、品德符合道德规范。《说文解字》:譱(shàn),吉也。善,良也。大也。佳也。康熙字典注:譱,吉也。《玉篇》:大也。《广韵》:良也,佳也。《尚书·汤诰》:天道福善祸淫。

第一节　中华优秀传统文化中关于善的智慧

"善"是中华优秀传统文化中最重要的特质和核心价值。与人为善、戒恶扬善、以善为美的"善文化"经过历史的积淀,已经成为中华优秀传统文化的核心基因。

一、孟子的"君子莫大乎与人为善"

曾子(前505—前435),名参,山东平邑人。黄帝后代,曾点之子,孔子的弟子,春秋末年思想家、儒家大家,儒家学派的代表人物之一,被后世尊称为"宗圣"。

曾子提出"止于至善"是最高道德目标。

曾子在《大学》中开篇就说,"大学之道,在明明德,在亲民,在止于至善"。善是儒家思想的出发点和基石,至善是儒家的最高道德标准,是最高目标。

孔子的嫡孙孔伋在《中庸》中讲："诚者，天之道也；诚之者，人之道也。诚者，不勉而中，不思而得，从容中道，圣人也。诚之者，择善而固执之者也。"意思是真诚是上天的原则，追求真诚是做人的原则。真诚之人，不用勉强就能做到，不用思考就能拥有，自然而然地符合上天的原则，这样的人是圣人。真诚之人，就要把"善"作为最高的目标去追求。

孟子（前372—前289），名轲，与孔子并称"孔孟"，山东邹城人。战国时期儒家思想代表人物之一，中国古代思想家、哲学家、政治家、教育家。

孟子认为善是一种天性，每个人都有向善的本能，孟子说"恻隐之心，人皆有之""恻隐之心，仁也""人性之善也，犹水之就下也"，人性向善，就像水会往下流一样自然。

儒家的善是指什么？

《孟子·公孙丑章句上》有孟子曰："子路，人告之以有过则喜。禹闻善言则拜。大舜有大焉，善与人同。舍己从人，乐取于人以为善。自耕稼、陶、渔以至为帝，无非取于人者。取诸人以为善，是与人为善者也。故君子莫大乎与人为善。"

孟子说："别人指出子路的过错，他就很高兴。大禹听到有教益的话，就拜谢人家。伟大的舜帝更伟大，总是带动别人共同做善事。舍弃自己服从众人利益，非常快乐地吸取别人善的方面。他从种地、制陶、捕鱼一直到做帝王，无时无刻不在与人为善。吸取别人的优点来行善，也就是与别人一起来行善。所以对君子来说，最伟大的莫过于与别人一起来行善。

可见，儒家的善是指利益众人，带动别人共同做善事。

《吕氏春秋·先识览·察微篇》有个子贡赎人的小故事。

> 鲁人为人臣妾于诸侯，有能赎之者，取其金于府。子贡赎鲁人于诸侯，来而让，不取其金。孔子曰："赐失之矣。自今以往，鲁人不赎人矣。"取其金则无损于行，不取其金则不复赎人矣。

春秋时期，鲁国人到国外去，一旦发现本国人在外国为奴者，就会主动赎回国，然后回到本国上报政府给予报账。子贡富甲一方，他有一次到国外，发现鲁国人在做苦役，就主动把那人赎了回来。他认为做好事是应该的，没有必要向国家报账。他的做法得到了许多人的赞扬，孔子却批评了他的做法。你是一个富有的人，认为赎回本国人是正义之举，不必申请政府报账。但还有很多经济上并不宽裕的人，如果他们发现了在他国为奴的鲁国人，耗费了大量的金钱赎回来，又不好意思向政府报销账目，岂不是让他们失去赎人的动力吗？下次，谁还会主动赎回那些在国外为奴的人呢？获取奖励无损于善行，没有奖励也就没有赎人的善行了。

可见，孔子认为小善非善，真正的善一定是推动更多的人做善事，而且做了之后有好的回报，这样才是更高层次的善。

《吕氏春秋·先识览·察微篇》还有个子路受牛的小故事。

> 子路拯溺者，其人拜之以牛，子路受之。孔子曰："鲁人必拯溺者矣。"孔子见之以细，观化远也。

一次，子路路过一个水塘边，忽然发现一个在塘边洗脚的农民不小心落进了水里，而那个农民因为不识水性，眼看着就要被水淹没。子路救起了那个农民，农民十分感激子路的救命之恩，把自家的牛作为回报送给了子路。子路再三谦让不过，接受了农民的馈赠。子路牵着牛回家，一路上却遭到人们的非议。孔子知道了这件事情后，当着众学生的面，表扬了子路，说子路的做法会带动更多的人做善事。

带动更多的人做善事，从实质上培育了社会正能量，这就是"举善而教不能，则劝。"（《论语·为政》）意思就是当社会倡导"善行善言"，大众的行为就会朝向"善行善言"，那些原本不能做到"善行善言"的人也会受到影响，也会不自觉地以"善行善言"来要求自己。

小故事：荀巨伯

《了凡四训》里记载了这样一则故事。

宰相吕文懿在位期间，为老百姓做了非常多的好事。辞官还乡后，人们依然仰慕他，尊他为泰山北斗。

一日吕文懿在乡间散步，遇见一位醉酒的乡亲对他破口大骂。老先生如如不动，自行回家，闭门不理，还对身边的人讲："这人已经喝醉了，不要与他斤斤计较。"乡亲们都称赞吕老先生心善，宰相肚里能撑船。

谁知第二年，醉酒骂人的人酒后行凶，犯死罪入狱。吕老先生得知此事，觉得非常愧疚。他说："假如当初我与他计较一下，借那个机会好好批评教育他，也许他就不敢再犯大罪。但我当时只想心地厚道一点，大人不记小人过，没有与他计较。结果如此一来，反而让他的胆子更大，直到今天犯下了杀人死罪。"

善良不是纵容。有时盲目行善，也可能是在助长他人作恶。大善有的时候就是表现为无情。

二、老子的"合道为善，逆道为恶"

老子的"善"不是世俗意义的善，而是合道为"善"，逆道为"不善"。

第八章 善良是一种宝贵的品质和价值观

什么是"道"？

《老子·第四十一章》中写道："上士闻道，勤而行之；中士闻道，若存若亡；下士闻道，大笑之。不笑不足以为道。故建言有之：明道若昧，进道若退，夷道若纇。上德若谷；大白若辱；广德若不足；建德若偷；质真若渝。大方无隅；大器晚成；大音希声；大象无形；道隐无名。夫唯道，善贷且成。"意思是上士闻道，努力去践行；中士闻道，将信将疑；下士闻道，哈哈大笑。不被嘲笑，那就不足以成为道了。因此古时立言的人说过这样的话：光明的道好似暗昧，前进的道好似后退，平坦的道好似崎岖。崇高的德好似峡谷；广大的德好像不足；刚健的德好似怠惰；质朴而纯真好像混浊未开。最洁白的东西，反而含有污垢；最方正的东西，反而没有棱角；最大的声响，反而听来无声无息；最大的形象，反而没有形状。"道"幽隐而没有名称，无名无声。只有"道"，才能使万物善始善终。

这里最后的两句最难解释，一句是"道隐无名"。

明朝开国功臣王弼在《老子注》中对"道隐无名"进行了解释：

> 凡此诸善，皆是道之所成也。在象则为大象，而大象无形。在音则为大音，而大音希声。物以之成，而不见其成形，故隐而无名也。

什么东西能大象无形、大器晚成、大辩若讷、大巧若拙、大白若辱？什么东西能成就世间一切的善？什么东西能永恒存在？什么东西能控制到遥远的银河？该用什么词汇来定义道家的道呢？王弼讲道隐无名。《庄子·齐物论》里有"夫大道不称，大辩不言"，由此看来，真的没有必要去解释这个道。

另一句是最后一句"夫唯道，善贷且成"。"贷"是贷出、给予之意，将善施与出去且成就万物为"道"。这就不难理解老子的合道为"善"，逆道为"不善"。

真正的善是与道相一致，顺从自然的规律。

道教早期的劝善书《赤松子中诫经》的序言中曾记录了一则故事，说的是当初宋国大夫薛瑗曾有十子，其中六人瘸跛，一人狱死，三人盲聋生疮毒。有一人名曰子皋与薛瑗相熟，见其家境如此，便问薛瑗，究竟做了什么不好的事情才招致了今日的罪状。薛瑗痛心疾首，如实回答说，自己贵为一国宰相，在位之时不曾为国家举荐贤才，这是不尽责；路上见人遗失财物自己却心中暗喜，这是不为德。人生天地之间，唯德是立身之本，唯善是处事之道，薛瑗在这两点上都没有尽到为人的根本，所以才招致如此人祸。

子皋闻言不禁大惊，对薛瑗说，按照天道之法，他这样的作为必定是要被诛灭全族的，甚至还要殃及子孙。但"天虽高而察其下"，只要懂得"改往修来，转败为成，不患晚矣"。于是子皋把自己当初所得一卷劝人行善之书传给薛瑗，叮嘱其日日行之。薛瑗跪捧而受。

数年后，子皋又见薛瑗，发现他的几个儿子的病全好了。子皋惊问缘由，薛瑗回答说，并未曾请过医生看病，只因日日按照善书上的训诫行事，见人危难便与之方便，奉行如同己处，没想竟得此大果报。子皋叹曰："天之报善也，过于响应声、影应形。"

可谓"善恶之报，如影随形"。

三、吕喦的"积善可以寡过，可以致祥"

吕喦（yán），字洞宾，号纯阳子，唐代河东蒲州河中府人。

吕喦在《孚佑帝君醒心真经》中探讨了积善"可以寡过，可以致祥"。吕岊认为只有人人向善，人们才会和睦相处，社会才会安定太平。他说，积善"可以寡过，可以致祥""不独一身荣昌，子孙亦获吉庆；不独一家康泰，一里尽得消殃"。只有积善修行，才能利己利人。

吕岊在书中提到"知天下之人，为善者少，作恶者多""若辈作恶之人，不知不觉，冥顽不灵，晨钟报晓，遂起欲心，暮夜不休，无非私意，私欲不绝，恶端日起。"(《孚佑帝君醒心真经》)所以告诫世人，应当摆脱恶念，弃恶从善。一方面，自己行善积德，修养性命；另一方面，教化他人弃恶改过，见善则行。

吕岊认为，行善不能存心动果报之念，因为存心果报，就会流于虚伪，这就是作不善之根。吕岊在《涵三语录》中讲："如人行一善，或十善百善，私心计曰：天其有以报我乎？如其不报，则以为作善无用矣，而作善之心辍。如人行一不善，或十不善，百不善，私心亦计之曰：天将有以报我乎？如其无报，则以为作不善无伤矣，而悔过之心辍。"可见，刻意去求上天回报，反而会丧失善之初心。所以，人利他向善，勿动上天回报之心。这样，才是真善。

分众传媒创始人江南春口述：

十六年前，分众创业发现了一个很好的商业模式。每个人都会坐电梯，而坐电梯的这段时间很无聊，于是我们就嵌入了一个广告，最终构成了很好的收视效果。这个场景，对用户来说，不仅不是打扰，反而是打发无聊或者处理尴尬的一种方式。今天我们有300万个终端，一年创造了几十亿的收入。

分众在2003年创立，2005年纳斯达克上市，一路高歌猛进，市值一度冲到86亿美元。分众跟百度同时上市，我经常对标它。我们两家公司连续13个季度都同比100%增长，但百度的市盈率是 100 倍，而分众的市盈率只有 25 倍。当时我内心不平，这没道理啊！大家都是同样的增长率，为什么百度的利润比我们低，但市值却比分众高很多？

有一次，巴菲特来中国访问，我问这位 80 多岁的老人：为什么百度市盈率是 100 倍，我们市盈率是 25 倍？当时就是这样的格局，问了这么一个问题。他回了一句："你不够性感"。什么叫性感？分众做的事业是一个有限的空间，是一栋栋楼房，楼房总有做完的一天。而百度做的是一个虚拟空间，所以它有无限的想象空间。

这对我刺激很大，睡不着，觉得自己的故事讲错了，讲了一个有限空间的故事，所以人家投资人不看好，决定改故事。从"中国最大的生活空间媒体"改成了"中国最大的数字化媒体集团"。这背后的逻辑是要做无限空间。

老子在《老子》中有一句"大道甚夷，而民好径"。我这种"民"，特别喜欢走小路、走夜路。别人的模式更容易赚钱，我就顺着这个路走下去了。

讲了这个故事之后，就要自圆其说。我当时买下了中国排名前十的互联网广告公司中的六家。发现手机广告是一个趋势，又把中国最大的手机广告公司也买了下来。最后，觉得"这个故事讲明白了"。

我根本没有想，这些业务有没有协同，对我们的核心竞争力有没有贡献，与我们的价值观"为客户创造价值"有没有冲突？我有没有能力整合？

此时种下的"因"，后面就有了"果"。

故事情节讲得更性感，2007 年年末，公司市值达到了 86

亿美元。我占公司大概10%的股份，身家有8亿美元。当时我每天从早上8点钟，干到晚上2点钟，很累，很苦，不想过这样的生活。股价高峰86亿，股价拉起来后，我有了要卖的冲动，卖掉之后我就走人。前期收购兼并那些公司有没有风险，我对这种风险是有一些认知的，但我自己内心也有一种声音，股价拉高了，我也卖掉了，这跟我也没啥关系了。CEO辞掉，我做了退场的打算。

恶念一旦发生，情况就发生了极大的逆转。

2008年我做好了全身而退的准备，噩梦就开始了，所有的噩梦就来自内心有一些不良的想法。如果你上午干了一件坏事，下午就遭报应，大家就会相信因果。但因果不是立刻兑现的，讲因缘果报。

我刚刚准备减持，听说3·15要曝光我们，从法律角度，就不能卖了。3·15曝光了分众旗下的公司未经用户许可，发了无数条"垃圾短信"，骚扰了用户。节目播出后，市值一天跌了十几亿美元，接着又跌了一轮，从80多亿美元掉到了二十几亿美元。

垃圾短信骚扰消费者，消费者被骚扰后，有很多怨气，这个怨气不断累积，所以这个因产生的果早晚得报。那天我躺在医院里，发着烧，看着人家把我们说成了这样的人，内心生起恐惧。

那项业务为分众增加了几千万美元收入，但我们为此付出了20亿美元的代价，所以新商业模式起步时对社会是不是有利，长期角度来说，因果会有轮回。

因为分众主业并没有受到什么影响，跌到了50亿美元，我想要不要卖呢，因为毕竟你在80亿美元没卖出去。到了50亿美元，我犹豫了一下，后来就出现了汶川地震，默哀三天，发不了广告，又跌，投资人觉得太不靠谱了，股价又跌了20亿美元。

跌起来速度很快，从80多亿美元就跌到了30多亿美元。之后雷曼兄弟倒闭了，所有国际公司都开始撤单，我们决定就让客户撤单，所以撤单完了之后那一轮下来，股票跌至6亿美元。冥冥之中，当你恶意燃起，全世界都在和你背道而驰。每一个窗口都把你牢牢地封死，这是我非常大的体会。

我自己现在心态特别强大，因为我是经历过市值腰斩，腰斩不是横向腰斩，是纵向腰斩，86亿美元，前面8没了，只剩下后面这个6了，所以我的内心就变得非常强大。市值6亿美元时，我被迫回来重新做CEO，重新做业务，那么这个公司又经过几年之后回到了40亿美元，但再也回不到86亿美元了，因为你曾经伤害过很多人。这是咎由自取，心坏掉了，每天不是在研究业务怎么做，而是在研究怎么把市值拉上去，市值拉上去的目的是减持，减持之后是为套现离场。

重创之后，总结了一个观点：人生以服务为目的，赚钱顺便。

我经常去一个地方吃面。有一次，我跟卖面的人开玩笑：你面做得这么好，每天这么多人排队，为什么不开成连锁，把它复制、壮大，以后可能在资本市场登录。人家老板说自己就想做好一碗面，没有这方面的想法。手艺是祖传的，这碗面让别人吃得好，吃得健康，每天都想来吃一口，他的内心就知足了。

后来我就想，人家是对的，我的想法才有问题。当你以服务为目的，赚钱是顺便的，那赚钱是注定的事。如果你第一天就想去赚人家钱，赚钱这件事反而不会发生。

我现在为什么那么笃定呢？我现在不受短期得失的影响，发心不好短期得的东西，以后也要赔出去，是非即成败。如果你可以不以短期得失判断，而以是非来判断，是的事情就做，非的事情就不做，那你的决策就变得非常简单。

资料来源：徐少春. 江南春：利他才能利已 [DB/OD].(2019-09-16)[2024-08-08]. https://vip.kingdee.com/article/146106?productLineId=0&lang=zh-CN。

四、中医是关乎善的学问

中医是关乎善的学问。

一是中医是仁术，仁即是仁爱、善良。

生活中我们喜欢与善良的人待在一起，为什么？因为会感觉很舒服，身心都舒畅。从中医来分析，善良的人有正能量，这种正能量代表着阳气，阳气代表着旺盛的生命力。这种活力是养人的。善良的人传递的是正能量，邪恶的人传递的是负能量。善则养人，恶则伤人。这样说来，善能够让我们阴阳平衡，心灵平静。

二是中医治病救人，这是利他行为，是善举。

晋代名医葛洪鉴于以往"诸家各作备急，既不能穷诸病状，兼多珍贵之药，岂贫家野居所能立办"的情况，决心"率多易得之药，其不获已，须买之者，亦皆贱价草石，所在皆有"。由此可见，葛洪作为一名医生是很关注贫困阶层人民的，能针对他们的具体情况，从他们的经济利益出发，不辞劳苦，编著成《肘后备急方》，里面的配方物美价廉，文字朴实易懂，处处为贫苦患者着想，从现在的角度看也不失为一本家庭良药手册。

三是《大医精诚》要求中医人秉承善心善念。

明代名医喻昌提出对病人要有耐心。"然苟设诚致问，明告以如此则善，如彼则败，谁甘死亡，而不降心以从耶？""此宜委曲开导，如对君父，未可飘然自外也。"从喻昌所言中，对病人如同对君父，不能有丝毫怠慢。

唐代名医"药王"孙思邈不但热爱中医，而且喜好经史佛老之学。他认为"若有疾厄来求救者，不得问其贵贱贫富，长幼妍媸（chī），怨亲善友，华夷愚智，普同一等，皆如至亲之想。"在孙思邈所言中，明显地感受到中医人的善心善念。

第二节　现实启示

通过对人类文明和道德发展历史的梳理，善良是人类最基本的道德品质。其他的道德准则有其相对性，在不同的情况下可以有所取舍，但善良作为人类的道德底线是无论如何都不能撼动的。

从生理学的角度看，善良行为由演化、表观遗传、个体生活经历共同塑造的神经回路所控制，善良者组成的血亲群体更强大。有研究发现鼓励合作的人类社会（利他）和其他类型的人类社会相比有较高的存活率。

从心理学的角度来看，善良是一种非常重要的人类品质。善良对于个体的心理健康有着积极的影响。研究表明，善良是提升个体良好心理状态和幸福感的途径，使人感到快乐、自信和自豪。另外，善良对社会有着积极的影响。善良的行为可以激励他人去跟随，从而形成一种良好的社会氛围。善良的人可以带来更多的信任和合作，这样就可以促进社会的发展和稳定。

一、善良是一种力量

我们对古代先贤的"善"进行总结梳理，会发现古代先贤的"善"是有层级的，由低到高，层层深入，层层递进。

第一层级的善良是同情心。

《孟子·公孙丑上》明确指出："恻隐之心，仁之端也。""无恻隐之心，非人也。""所以谓人皆有不忍人之心者，今人乍见孺子将入于井，皆有怵惕（chù tì）恻隐之心。"孟子认为同情心根植于人性，人人皆有。

道教问候语是"慈悲慈悲"，道友或者信众见面作揖，口称"慈悲慈悲"。慈是慈善，是教导为人要有爱心；悲是怜悯，是教导为人要有同情心。仅有慈没有怜悯心，谈不上功德圆满，光有悲没有关爱心也不行。因此慈悲合称。

有一个启功先生鉴定字画的故事。

20世纪80年代，某文化局职员到下面检查工作，发现一博物馆堆放了许多字画，无人管理。他酷爱字画，每次过去就拿一两幅回家，逐渐累积了一百多幅。后来，此事被追究，他被认定为盗窃，盗窃在当时的最高量刑是死刑，如何给他定刑，取决于他盗窃字画的价值。

相关部门把这个人盗取的字画拿去专业机构鉴定，有的说值不了多少钱，有的说价值连城。相关部门拿不准，去北京鉴定委员会找专家鉴定，专家鉴定后说这些字画至少值七万元，按这个价格，在当时要判死刑的。涉及人命，相关部门不敢怠慢，最后请了业界最权威的鉴定专家启功先生来鉴定，启功先生看了看那些字画，一笑说："这人也不太会偷啊，下次偷找我当顾问啊，值不了多少钱。"启功先生一句话，那个人免于死刑，判了八年有期徒刑。

多年后，有人提起此事，启功先生说："我们手高手低，有时候就决定一个人的性命，盗窃的确有罪，但罪不至死，所以当时含糊其词，让这事过去吧。"

启功先生的善良让人感动，在拥有话语权时，怀有悲悯之心。在能力范围之内，在道德允许的前提下，保留一份善良。

还有一个让枪口抬高一厘米的故事。

在柏林墙倒塌的前夕，有一位警察开枪打死了一个从东德翻墙逃往西德的公民。律师在法庭上为他辩护时说，应该无罪释放，因警察是在依法执行公务。

法官表示不能够认同，法官道："作为警察，不执行上级命令是有罪的，但是打不准是无罪的。作为一个心智健全的人，此时此刻，你有把枪口抬高一厘米的权利，这是你应主动承担的良心义务。在这个世界上，良知是最高的准则，是不允许用任何借口来无视的。"

因此，"把枪口抬高一厘米"的良知尺度，也就成了我们所有人类的一堂必修课。

第二层级的善良是与人为善。

与人为善也可以理解为"待人和善"，即以温暖、友好、宽容和理解的态度对待他人。与人为善是一种利他行为，关心他人的幸福，甚至愿意牺牲自身的利益。这一层级依然停留在个人行为，是对个人行为的要求。

小故事：宋仁宗赵祯宽厚仁慈、与人为善

有一次，宋仁宗赵祯在散步，时不时地回头看，随从们都不知道皇帝是为了什么。赵祯回宫后，着急地对嫔妃说道："朕渴坏了，快倒杯水来。"嫔妃觉得奇怪，问赵祯："陛下为什么在外面的时候不让随从伺候饮水，而要忍着口渴呢。"赵祯说："朕屡屡回头，但没有看见他们准备水壶，朕要是问的话，肯定有人要被处罚了，所以就忍着口渴回来再喝水了。"还有一次，仁宗在吃饭时被沙子硌到了牙，按照当时的制度，御厨要受到非常严厉的惩罚。宋仁宗立刻装作没事，还吩咐身边的宫女不要声张，唯恐有人因此事受罚。

第三层级的善良是"至善""上善若水"。

无论是儒家的"止于至善"，还是道家的"上善若水"，都是在强调善是至高无上的，善是利益万物而不争的。这一层级的善良是带动大家共同做善事，带动大家利益众人。这是推及社会层面，有助于形成好的社会风气。

还是宋仁宗赵祯的故事。

仁宗处理朝政到深夜，又累又饿，很想喝碗羊肉热汤，但他忍着饥饿没有说出来。第二天，皇后知道了，就劝他："陛下日夜操劳，千万要保重身体，想吃羊肉汤，随时吩咐御厨就好了，怎能忍饥使陛下龙体受亏呢？"仁宗对皇后说："宫中一时随便索取，会让外边看成惯例。我昨夜如果吃了羊肉汤，御厨就会夜夜宰杀，一年下来要数百只，形成定例，日后宰杀之数不堪计算。为我一碗饮食创此恶例，且又伤生害物，于心不忍，因此我宁愿忍一时之饿。"宋仁宗的这一行为影响了当时很多人。

还有歌星韩红带动大家一起做慈善的事例。

据不完全统计，歌星韩红累计捐款十亿元，坚守慈善事业20多年，哪里有灾情，韩红都是第一时间想尽一切办法去捐助。韩红在自己帮助别人的同时，也号召身边所有的朋友一起加入进来，献爱心做慈善。在各项公益事业中，很多的明星、企业家被韩红号召一起参与到慈善事业中来。

可见，真正的善良和人的认知水平是相关的。你有多高的智慧，决定了你的善心善举能走多远，能走多高。正如《老子》所讲"古之善为士者，微妙玄通，深不可识"。真正的善良，是善于把握事物背后人们所不可见之处，即微；依此找到影响事物发展的根本，即妙；由此做出恰当的行为调整以应对，即玄；使事情的发展畅通无碍，即通。这就是微妙玄通，也就是善于行善的人，精微奥妙而神奇通达。"深不可识"的意思是道理深刻得令普通人难以理解。其实最好是深亦可识，虽然道理深刻，但讲深讲透，是可以理解的，可以带动大家一起行善，善良是一种力量，可以营造和谐的社会氛围。

二、善良是敬畏生命

人类要以博爱之心同情万物，当看到其他生命遭到虐待时要心生怜悯与不安，不断思考如何减轻生命的痛苦。"敬畏"一词源于对生命的体悟与深刻理解。

一是生命的神圣性。

每一个生命的诞生和成长都经历了生死考验，母亲在怀孕期间，哪怕是一个小小的感冒，如果不引起足够重视，极有可能生下来的宝宝就是脑瘫。每一个生命在面对死亡时又是那么的渺小。

二是生命的唯一性。

哪怕你有百万兄弟姐妹，你和他们都不同，每个生命都是这个世界的唯一。无论你多么丑，你也是这个世界的唯一，也有人视你为珍宝，也有人爱你。这个世界上没有两片完全相同的树叶。

生命是宝贵的，就像时间，逝去就回不来了，哪怕是一天的生命，也值得尊重。

敬畏生命，首先是尊重自己的生命。

《孝经》中讲："身体发肤，受之父母，不敢毁伤，孝之始也"。爱护自己的生命才是对父母最大的孝。这个世界上最珍贵的就是生命，生命第一。

《老子·第四十四章》讲："名与身孰亲？身与货孰多？得与亡孰病？是故甚爱必大费，多藏必厚亡"。《庄子·让王》讲："今世俗之君子，多危身弃生以殉物，岂不悲哉""君固愁身伤生以忧戚不得也"。基于此，道家倡导"重生则利轻""为善无近名，为恶无近刑，缘督以为经，可以保身，可以全生，可以养亲，可以尽年。"（《庄子·养生主》）道家的"生"在心理层面上的意义告诉人们要尊重生命，淡泊名利，如此有助于有效防御日常"害生"等异常心理发生。

作家史铁生，在青春最好的时光因病瘫痪。在瘫痪的最初几年里，他天天摇着轮椅到离家不远的一座荒园里去沉思，沉思的问题是"要不要去死？"终于有一天，他想明白了，一个人从出生那天起就注定了最后的结局，死是一件无论怎样耽搁也不会错过的事，死也是一件不必着急的事情。史铁生告诉自己，不能因为瘫痪而厌弃生命，他发誓，不但要活下去，而且还要好好地、有价值地活下去。

三、善良的人最美

什么是美？

老子主张淳厚朴素的本初之美。

《老子·第十五章》有言："敦兮，其若朴；旷兮，其若谷；浑兮，其若浊。孰能浊以止，静之徐清？"意思是他纯朴厚道啊，好像没有经过加工的原料；他旷远豁达啊，好像深幽的山谷；他浑厚宽容，好像不清的浊水。谁能使浑浊安静下来，慢慢澄清？谁能使安静变动起来，慢慢显出生机？保持这个"道"的人不会自满。

《老子·第二十八章》："知其雄，守其雌，为天下溪。为天下溪，常德不离，复归于婴儿。知其白，守其黑，为天下式。为天下式，常德不忒，复归于无极。知其荣，守其辱，为天下谷。为天下谷，常德乃足，复归于朴。"意思是深知什么是雄强，却安守雌柔的地位，甘愿做天下的溪涧。甘愿作天下的溪涧，永恒的德性就不会离失，回复到婴儿般单纯的状态。深知什么是明耀，却安于暗昧的地位，这是人生的一种境界。达到这种人生境界，永恒的德行就不相差失，就可以接近不可穷极的真理。深知什么是荣耀，却安守卑辱的地位，甘愿做天下的川谷。甘愿做天下的川谷，永恒的德性才得以充足，回复到自然本初的素朴纯真状态。

庄子主张忘形存德之美。

庄子笔下的人物形体极度残缺，然德性极其健全。他们神闲气静，忘却形骸，谈玄论道，能使对坐的君王"钦风爱悦，美其盛德，不觉病丑"。庄子笔下的奇形怪状的大树，看似不成材料，但在闻道有德者看来，真可谓"无用之用，方为大用"的范型。所有这些对象，之所以化丑为美，主要是因为存德忘形。

《庄子·山木》记载：阳子之宋，宿于逆旅。逆旅人有妾二人，其一人美，其一人恶，恶者贵而美者贱。阳子问其故，逆旅小子对曰："其美者自美，吾不知其美也；其恶者自恶，吾不知其恶也。"阳子曰："弟子记之！行贤而去自贤之行，安往而不爱哉！"

意思是阳子去宋国，住宿在客栈里。客栈的主人有两个姨太太，其中的一个很美丽，其中的一个很丑陋。长得丑的人受尊重，长得美的人却受到鄙视。阳子问客栈主人这样做的原因，客栈的主人回答说："那个美丽的自以为美丽而骄傲，所以我不认为她美；那个丑的自认为丑陋，但我不认为她丑。"阳子说："弟子记住了！品德高尚而又不自以为贤明的人，到哪里去不受尊重呢？"

《庄子·知北游》："天地有大美而不言，四时有明法而不议，万物有成理而不说。"唐陆德明《庄子·音义》："大美谓覆载之美也。"庄子认为天地自身由"道"所派生出来的美，不依靠语言而能表现，四季变化的规律不依靠议论而自然显现，万事万物的道理也不依靠人们的说明而成立。

可见，本初之美、忘形存德，由"道"所派生出来的美是真正的美。本初朴素的美、忘形存德、由"道"所派生出来的美就是善良的内涵。这些是潜藏在血液和骨髓中高贵的品质，时时刻刻散发着清香，会形成强大的磁场，感召更多的灵魂保有善念、实施善行。

四、善可积福

《老子·第七十九章》："和大怨，必有余怨；报怨以德，安可以为善？是以圣人执左契，而不责于人。有德司契，无德司彻。天道无亲，常与善人。"意思是即使是对深切的怨恨进行和解，也必然留有余怨；如果以德报怨，那么为善还有什么意义？所以，圣人用契约为证，而不以契约讨债。有道德修养的人尊重契约，没有道德修养的人不尊重契约。老天爷不分亲疏，总是眷顾善良的人。

《文子·卷三十五》文子问德仁义礼。老子曰："德者民之所贵也，仁者人之所怀也，义者民之所畏也，礼者民之所敬也。此四者圣人之所以御万物也。"意思是德善义礼是人行走世间安身立命的准则。不行善良，没有福气；不立仁德，难得富裕。行善才能纳福，厚德才能载物。《易传·文言传·坤文言》："积善之家，必有余庆；积不善之家，必有余殃。"黄石公有言："福在积善，祸在积恶。"

小故事：李鸿章的家事

李鸿章的爷爷在当时算是中产家庭，虽然是农民，但家里有田，李爷爷还会点医术，因此日子较平常农家好过。

有一年冬天，李爷爷行医回家，听到路边有婴儿哭泣，弃婴是个女婴，正在出天花，那个年代这是要命的病，而且会传染，让人谈之色变。但李爷爷心地善良，不仅把弃婴抱回家，而且治好了她的天花，并留下来抚养成人。

这个女孩正是李鸿章的母亲。

女孩知道自己是捡来的，每天都埋头干活，由于没有母亲，也没人给她缠足，十几岁了，长着一双天足，而且出天花落下麻脸，非常丑陋。这样的女子很难嫁人，左邻右舍都笑话这个长一脸麻子和一双大脚的女孩，李家并没嫌弃，还是把她留在家里。

但女孩并不放在心里，只知道努力干活。

又是一年冬天，女孩干活太累了，倒在灶膛口睡着了，李家的男孩脱下自己的外衣，披在了女孩身上，这一幕让李爷爷看到了，李爷爷当下有了想法。等两个孩子到了适婚年龄，李爷爷就做主让儿子和女孩成亲了。

都说好女人旺三代。

李鸿章的母亲勤劳、善良，确实旺家、旺夫。

李家的儿子李文安连年考试，年年不中。娶了李氏之后，李氏鼓励他好好读书，结果21岁中秀才，33岁中举人，37岁考上了进士，到刑部任职后，仕途一路顺畅。

李鸿章的母亲一口气为李家生了6男2女，她把6个儿子全部培养成才，李家出了2个总督，4个一品大夫。两个女儿也都嫁得十分风光。此后李家门庭荣耀，儿子女婿连连升迁，周围人羡慕不已。

李老太太出生时遭遗弃，前半生在李家任劳任怨操持家务，抚养孩子，非常辛劳，但养出了好儿女，这让她晚年的福气深厚，享尽荣华富贵，屡受皇恩。

　　李老太太 75 岁生日的时候，光绪皇帝专门颁布褒奖谕旨。

　　她 83 岁高龄去世时，光绪皇帝给了许多赏赐和荣誉，又下了一道谕旨，让沿途官员妥善照料。装灵柩的大船从汉口顺江而下，一路上所有官员都跪拜送行，以表敬重。

　　家贫思良妻，国乱思良臣。

　　李鸿章、李瀚章兄弟去世几年后，清朝为感恩这位老妇人为国家培养了多名栋梁之材，又追封李鸿章的母亲为一品夫人，晋封为一品伯夫人，晋赠一品侯夫人。

　　积善之家，必有余庆。

　　李鸿章的爷爷仁心厚德，收养了一个女弃婴，并不嫌弃这孩子卑微丑陋，还促成了与儿子的婚事，积累了这么大的福报，从此改变整个家族的命运。